Werteflüsse in die SAP®-Ergebnisrechnung (CO-PA) unter S/4HANA

Christoph Theis
Stefan Eifler

Willkommen bei Espresso Tutorials!

Unser Ziel ist es, SAP-Wissen wie einen Espresso zu servieren: Auf das Wesentliche verdichtete Informationen anstelle langatmiger Kompendien – für ein effektives Lernen an konkreten Fallbeispielen. Viele unserer Bücher enthalten zusätzlich Videos, mit denen Sie Schritt für Schritt die vermittelten Inhalte nachvollziehen können. Besuchen Sie unseren YouTube-Kanal mit einer umfangreichen Auswahl frei zugänglicher Videos:

https://www.youtube.com/user/EspressoTutorials.

Kennen Sie schon unser Forum? Hier erhalten Sie stets aktuelle Informationen zu Entwicklungen der SAP-Software, Hilfe zu Ihren Fragen und die Gelegenheit, mit anderen Anwendern zu diskutieren:

http://www.fico-forum.de.

Eine Auswahl weiterer Bücher von Espresso Tutorials:

- Stefan Eifler: Schnelleinstieg in die SAP®-Ergebnisrechnung (CO-PA) *http://5001.espresso-tutorials.com*
- Ulrich Fahrnschon: Kundenauftrags-Controlling in SAP® ERP CO-PC *http://5083.espresso-tutorials.com*
- Andreas Jansen: Schnelleinstieg in das SAP®-Produktkostencontrolling (CO-PC) *http://5099.espresso-tutorials.de*
- Andreas Unkelbach: Berichtswesen im SAP®-Controlling *http://5150.espresso-tutorials.de*
- Martin Munzel, Renata Munzel: Projektcontrolling mit SAP® PS *http://5156.espresso-tutorials.de*
- Andreas Unkelbach, Martin Munzel: Schnelleinstieg in das SAP® Controlling (CO) – 2., erweiterte Auflage *http://5343.espresso-tutorials.de*

Bibliografische Information der Deutschen Nationalbibliothek
Die Deutsche Nationalbibliothek verzeichnet diese Publikation in der Deutschen Nationalbibliografie; detaillierte bibliografische Daten sind im Internet über https://portal.dnb.de abrufbar.

Christoph Theis, Stefan Eifler
Werteflüsse in die SAP®-Ergebnisrechnung (CO-PA) unter S/4HANA

ISBN: 978-3-960129-42-4

Lektorat: Anja Achilles

Korrektorat: Christine Weber

Coverdesign: Philip Esch

Coverfoto: TatianaNurieva | ID 1169874817 – iStockphoto.com

Satz & Layout: Johann-Christian Hanke

1. Auflage 2020

URL: *www.espresso-tutorials.de*

Feedback:
Wir freuen uns über Fragen und Anmerkungen jeglicher Art. Bitte senden Sie diese an: *info@espresso-tutorials.com*.

Inhaltsverzeichnis

Vorwort

In unserem ersten gemeinsamen Buch »Werteflüsse in die SAP-Ergebnisrechnung (CO-PA)« haben wir Ihnen an einem durchgängigen Prozessablauf vom Kundenauftrag über die Produktion und den Warenausgang bis hin zur Faktura im Detail gezeigt, welche Auswirkungen jeder einzelne Prozessschritt ggf. auf die GuV, die Kostenstellenrechnung, das Produktionscontrolling und die kalkulatorische Ergebnisrechnung hat.

Seit einigen Jahren wird in den Unternehmen intensiver darüber nachgedacht, das bisherige SAP-ERP-System durch ein S/4HANA-System zu ersetzen. Spätestens 2030 will die SAP den Support für das ERP-System einstellen, und S/4HANA-Systeme sollen ab dann weltweit verstärkt im Einsatz sein.

Neben den vielen Vorteilen, die ein S/4HANA-System bieten soll, gab es in den letzten Jahren immer wieder Gerüchte, dass sich mit dessen Einführung gerade im Modul Controlling wesentliche Änderungen ergeben, die sich in Aussagen wie »Das Modul Controlling wird es nicht mehr geben, alles wird nur noch über das Modul FI abgebildet« oder »Die kalkulatorische Ergebnisrechnung wird abgeschafft« widerspiegeln. Derartige Gerüchte verunsichern natürlich, speziell dann, wenn Sie als interner bzw. externer FICO-Berater mit dem Schwerpunkt Controlling unterwegs sind oder in einem Unternehmen als Controller intensiv mit diesem Modul arbeiten und die kalkulatorische Ergebnisrechnung für Sie ein unverzichtbarer Teil Ihrer täglichen Arbeit geworden ist.

Mit diesem Buch wollen wir dem Thema S/4HANA und den damit einhergehenden Änderungen im Controlling auf den Grund gehen und analysieren, was es mit diesen Gerüchten auf sich hat bzw. wie gravierend die Änderungen eigentlich werden, wenn Sie S/4HANA einführen. Dabei wollen wir Ihnen die neue Business Suite nicht grundlegend erklären, dafür gibt es seitens der SAP und einschlägiger Verlage wie Espresso Tutorials bereits einige Veröffentlichungen. Nein, wir wollen mit der Erweiterung unseres ersten gemeinsamen Buches die beschriebenen Prozessschritte vom Kundenauftrag über den Fertigungsauftrag bis zum Warenausgang sowie der Faktura heranziehen und deren Ausprägungen in S/4HANA inklusive der dort erforderlichen buchhalterischen Ergebnisrechnung beschreiben. Welche zusätzlichen technischen Voraussetzungen bzw. Änderungen ihres bisherigen Prozesslebens notwendig sind, wird nicht unerwähnt bleiben.

Ziel dieses Buches ist es daher, existierende Verunsicherungen zu beseitigen und an einem einfachen/übersichtlichen Prozess darzustellen, was wirklich im Rechnungswesen auf Sie zukommt, wenn Sie S/4HANA einführen. Natürlich können Sie dieses Buch auch als Leitfaden und Hilfsmittel heranziehen, um den Wertefluss im SAP-System, beginnend beim Kundenauftrag und endend in der Fakturierung, zu verstehen. Sie lernen dabei, die Auswirkungen eines S/4HANA-Systems auf die GuV, die Kostenstellenrechnung, das Produktionscontrolling, die kalkulatorische und die buchhalterische Ergebnisrechnung zu beurteilen.

In Kapitel 1 werden wir Ihnen zuerst kurz die Neuerungen in SAP S/4HANA und Verbesserungen gegenüber Ihrem bisherigen ERP-System benennen, damit Sie wesentliche Begriffe dieser Technologie schon einmal gehört haben.

In Kapitel 2 müssen wir zunächst einige Voraussetzungen für unsere Prozessbeschreibung formulieren, damit wir die »gleiche Sprache sprechen« und Sie befähigt sind, dieses Buch bis zum Ende zu lesen. Wir beschreiben kurz die Organisationsstruktur, die uns als Basis für die Darstellung unserer Werteflüsse dienen soll, sowie einige wesentliche Stammdaten, die wir für die Beschreibung der Prozesse benötigen. Weiterhin werden wir eine verkürzte GuV- sowie eine Deckungsbeitragsstruktur benennen, die Sie außerdem am Ende jedes weiteren Kapitels wiederfinden.

Wieso, werden Sie denken, wollen die uns denn diese Strukturen in jedem Kapitel buchstäblich vor die Nase setzen? Reicht nicht einmal aus? Nein, wir wollen Ihnen am Ende jeweils sagen, an welcher Stelle der GuV oder der buchhalterischen bzw. kalkulatorischen Deckungsbeitragsrechnung sich der in dem Kapitel beschriebene Vorgang auswirkt, damit wir zum Abschluss dieses Buches eine Brücke zwischen FI sowie der buchhalterischen bzw. kalkulatorischen Ergebnisrechnung schlagen können!

Wir werden Sie kapitelweise durch die folgenden Prozessschritte eines kompletten logistischen Verkaufs- und Produktionsablauf führen:

- Kundenauftrag (Kapitel 3),
- Fertigungsauftrag (Kapitel 4),
- Lieferung incl. Warenausgang zum Kunden (Kapitel 5),
- Faktura (Kapitel 6),
- Umlage CO-PA (Kapitel 7),
- Periodenabschlussarbeit Ware in Arbeit (WIP) (Kapitel 8).

Der Prozess beginnt im Vertriebsmodul SD (Sales and Distribution) – der Kunde droht mit Auftrag! Wir werden also einen Kundenauftrag erfassen und anschließend das vom Kunden gewünschte Produkt produzieren (im Modul PP [Produktionsplanung und -steuerung]). Nach Fertigstellung werden wir das Produkt zum Kunden liefern (Lieferung: Modul SD, Warenausgang: Modul MM [Materialwirtschaft]) und sodann in Rechnung stellen (wieder Modul SD).

Schließlich befassen wir uns mit der Abbildung weiterer Kosten, die nicht direkt Bestandteil dieses Prozesses sind, und damit, wie diese im Rahmen des Periodenabschlusses zu buchen sind.

Im Abschlusskapitel werden wir alle Daten zusammenführen, die in unsere GuV und unsere Deckungsbeitragsrechnung eingeflossen sind, und Ihnen nicht nur zeigen, wie ein Mengen- und Wertefluss im SAP-System abläuft, sondern ebenso, wie sich auch unter S/4HANA die Brücke zwischen FI und der buchhalterischen Ergebnisrechnung bzw. dem kalkulatorischen CO-PA schlagen lässt.

Danksagung

Bei der Erstellung dieses Buches haben wir vielfältige Unterstützung erfahren, für die wir uns an dieser Stelle bedanken.

Zuerst gilt unser Dank Christophs Frau Nina und seinen drei Kindern sowie Stefans Frau Karin und Sohn Jan Lukas, die alle sehr viel Geduld und Verständnis aufbrachten, wenn wir mal wieder »abwesend« waren und über das nächste Kapitel nachdachten.

Ferner danken wir Espresso-Tutorials-Geschäftsführer Martin Munzel, der uns die Veröffentlichung unserer Erfahrungen ermöglicht und uns die Chance geboten hat, uns intensiv mit dem Thema Werteflüsse unter S/4HANA zu beschäftigen.

Unser Dank geht ebenso an die Lektorin Anja Achilles, die sich unermüdlich in das für sie neue Thema eingearbeitet hat und uns immer wieder wichtige Hinweise gab, die dieses Praxishandbuch verständlich gemacht haben.

Letztendlich bedanken wir uns bei allen Mitarbeitern des Verlags Espresso Tutorials, die viel Engagement bei der »handwerklichen« Erstellung dieses Buches aufgebracht haben.

In den Text sind Kästen eingefügt, um wichtige Informationen besonders hervorzuheben. Jeder Kasten ist zusätzlich mit einem Piktogramm versehen, das diesen genauer klassifiziert:

Hinweis

Hinweise bieten praktische Tipps zum Umgang mit dem jeweiligen Thema.

Achtung

Warnungen weisen auf mögliche Fehlerquellen oder Stolpersteine im Zusammenhang mit einem Thema hin.

Die Form der Anrede

Um den Lesefluss nicht zu beeinträchtigen, wird im vorliegenden Buch bei personenbezogenen Substantiven und Pronomen zwar nur die gewohnte männliche Sprachform verwendet, stets aber die weibliche Form gleichermaßen mitgemeint.

Hinweis zum Urheberrecht

Sämtliche in diesem Buch abgedruckten Screenshots unterliegen dem Copyright der SAP SE. Alle Rechte an den Screenshots hält die SAP SE. Der Einfachheit halber haben wir im Rest des Buches darauf verzichtet, dies unter jedem Screenshot gesondert auszuweisen.

1 Neuerungen unter S/4HANA für den logistischen Verkaufs- und Produktionsprozess

In diesem Kapitel gehen wir zunächst auf die wesentlichen Neuerungen unter S/4HANA ein und beschreiben Ihnen, wie im Vorwort bereits angedroht, erste Verbesserungen gegenüber Ihrem bisherigen SAP-ERP-System. Die Erwähnung dieser Innovationen gleich zu Beginn dieses Buches ist wichtig, damit wir Ihnen im weiteren Verlauf die Unterschiede zwischen Ihrem neuen S/4HANA-System und Ihrem bisherigen ERP-System im Rahmen unserer Prozessbeschreibungen besser verdeutlichen können.

Das ursprüngliche Ziel der Einführung von SAP S/4HANA war, eine In-Memory-Datenbank anzubieten, um in Verbindung mit SAP ERP oder SAP BW extrem schnelle Analysen und Aggregationen großer Datenmengen zu ermöglichen. Heute, mit S/4HANA als Nachfolgeprodukt von SAP ERP, will man einerseits die zusätzliche Geschwindigkeit nutzen, andererseits aber gerade im Rechnungswesen das ERP-System so umbauen, dass eine umfassende Darstellung und Auswertbarkeit von Informationen in FI/CO gewährleistet werden kann.

Single Point of Truth ist das Zauberwort. Es soll ein Einheitsbeleg zu jedem für das Rechnungswesen relevanten Vorgang erzeugt werden, der anschließend mithilfe von Fiori-Apps, Standardanalysen oder eines eigens in SAP S/4HANA integrierten BW-Systems (Embedded BW) ausgelesen wird. Dies soll dazu beitragen, einige der bisher notwendigen Abstimmungen im Rechnungswesen abzubauen. FI und CO wachsen verstärkt zusammen, indem nur noch Sachkonten und keine Kostenarten mehr existieren und Summentabellen wie GLT0, COSS oder COSP abgeschafft sowie alle für FI und CO relevanten Informationen in einem einzigen Beleg zusammengefasst werden. Dieser Einheitsbeleg wird (zumindest für die Istdaten) in der Tabelle *ACDOCA*, auch *Universal Journal* genannt, abgelegt. Diese Tabelle enthält mittlerweile mehr als 400 Standardfelder und zusätzliche Felder für die Merkmale der buchhalterischen Ergebnisrechnung sowie einige Z-Felder. Das Bindeglied aller Informationen, die aus verschiedenen Applikationen des Rechnungswesens in den Einheitsbeleg zusammenlaufen, ist das *Sachkonto*.

Der Einheitsbeleg nimmt neben Informationen aus dem Hauptbuch auch Daten aus dem klassischen CO (wie Kostenrechnungskreis, Kostenstelle, Kontierungsblock), der Anlagenbuchhaltung, dem Material-Ledger sowie – und das ist neu – Merkmale und Werte aus der buchhalterischen Ergebnisrechnung auf. Daher ist es nun notwendig, unseren Wertefluss nicht nur anhand der GuV, der Kostenstellenrechnung, des Produktionscontrollings und der kalkulatorischen Ergebnisrechnung zu beschreiben, sondern die buchhalterische Ergebnisrechnung und ihre Darstellung in der ACDOCA mit aufzunehmen.

Im Vergleich zur kalkulatorischen Ergebnisrechnung wies die buchhalterische Ergebnisrechnung in SAP ERP noch einige Nachteile auf, die mit der Weiterentwicklung von S/4HANA aber mehr und mehr verschwinden. Beispielsweise konnte man bisher weder eine Kostenschichtung in der Produktkalkulation (Aufteilung der Kosten des Umsatzes) noch einzelne Produktabweichungskategorien in der buchhalterischen Ergebnisrechnung zeigen. Mit der Version 1809 des SAP-S/4HANA-Systems sind diese Nachteile behoben. Außerdem können mittlerweile Kundenauftragseingänge dargestellt werden. Dazu wird sich der Ledgertechnologie bedient. Die Kundenauftragseingänge werden in einem *Prediction Ledger* (Vorhersage-Ledger) gespeichert und können dann in Kombination mit Merkmalen der Ergebnisrechnung gemeinsam ausgewertet werden. Wir werden in Kapitel 3 intensiver darauf eingehen.

Was aber jedem Controller bleibt, ist seine bisherige kalkulatorische Ergebnisrechnung. Diese lässt sich unter S/4HANA genauso einsetzen wie im bisherigen ERP-System.

Wir haben bereits kurz Fiori-Apps angesprochen, die wir Ihnen im Laufe dieses Buches noch genauer zeigen werden. *SAP Fiori* ist eine neue Schnittstelle zur SAP-Funktionalität, die benutzerfreundlicher sein soll als bisherige Aufrufe von Programmen oder Transaktionscodes. Ferner sollen Fiori-Apps auf jedem Gerät wie Smartphone, Laptop oder Tablet laufen. SAP-Funktionalität per Knopfdruck auf dem Handy – was für Aussichten! Immer mehr Transaktionen sollen zukünftig von den Apps abgelöst werden, über die sich dann auch individuelle Dashboards aufbauen lassen – sicherlich eine große Herausforderung für den SAP-Support, unter diesen Voraussetzungen Fehler oder Schwierigkeiten eines Users im SAP-System schnell zu analysieren.

Um neben der kalkulatorischen auch die buchhalterische Ergebnisrechnung zu aktivieren und Merkmale in der ACDOCA einzufügen, sind bei der Anlage oder Änderung des Ergebnisbereichs zusätzliche Arbeiten notwendig, die wir an dieser Stelle kurz beschreiben:

Gehen wir davon aus, Sie haben, wie z. B. aus der kalkulatorischen Ergebnisrechnung gewohnt, Ihre Merkmale und Wertfelder definiert und wollen nun zusätzlich auch die buchhalterische Ergebnisrechnung aktivieren, die als Stammdaten Merkmale und Kostenarten (in S/4HANA Sachkonten vom Typ »Primärkosten«) enthält. Dazu müssen Sie den Ergebnisbereich, nachdem sie ihn gesichert haben, aktivieren und zusätzlich die Umgebung dieses Ergebnisbereichs generieren. Im S/4HANA-System, das Sie übrigens genauso wie Ihr bisheriges ERP-System customizen können, bekommen Sie daraufhin eine Fehlermeldung (siehe Abbildung 1.1).

Typ	Meldungstext
●	Neues CO-PA-Merkmal für ACDOCA: starten Sie Report FCO_ADD_COPA_FIELD_TO_ACDOCA im Hintergrund
●	Die Umgebung wurde nicht vollständig generiert
●	Interner Fehler beim Schreiben aufgetreten
●	Fehler beim Generieren von Append APPEND_COPACRIT_DB: Aktivierungsprotokoll prüfen

Abbildung 1.1: Fehlermeldung buchhalterische Ergebnisrechnung

Sie besagt, dass Sie die Merkmale (die Sie vielleicht bisher nur in der kalkulatorischen Ergebnisrechnung aktiviert hatten) nun auch für die buchhalterische Ergebnisrechnung generieren müssen, damit die Tabelle ACDOCA um diese Merkmale erweitert wird. Dazu starten Sie den Report FCO_ADD_COPA_FIELD_TO_ACDOCA im Hintergrund und generieren anschließend nochmals die Umgebung Ihres Ergebnisbereichs. Und siehe da, die Merkmale sind als zusätzliche Spalten in der Tabelle ACDOCA enthalten (die Sie übrigens im Vergleich zur Transaktion SE16 im bisherigen SAP ERP über die Transaktion *SE16H* in S/4HANA verbessert auslesen können),wie Abbildung 1.2 zeigt.

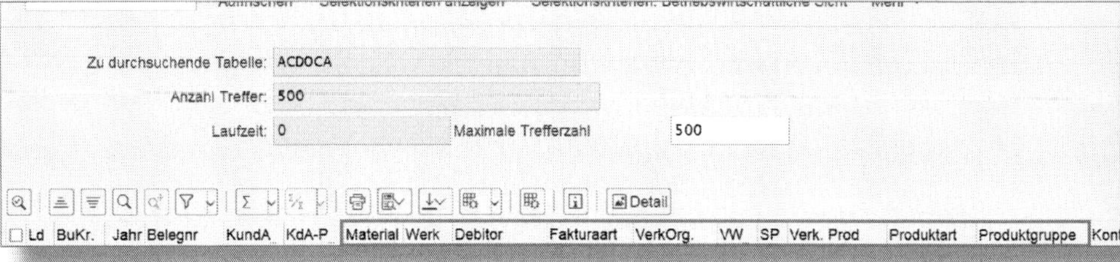

Abbildung 1.2: Ausschnitt Tabelle ACDOCA

Die Aktivierung der Merkmale als Spalten in der Tabelle ACDOCA hat außerdem den Vorteil, dass sie eine Möglichkeit schafft, die vorher nur (kalkulatorischen) CO-PA-Reports vorbehalten war: Auch in Reports des externen Rechnungswesens, die mit dem CO-PA bisher nichts zu tun hatten, können Sie nun Auswertungsdimensionen bauen.

2 Vorbedingungen für den logistischen Verkaufs- und Produktionsprozess

Für die Beschreibung eines logistischen Verkaufs- und Produktionsprozesses sind zu Beginn einige Vorbedingungen zu benennen, um Wiederholungen zu vermeiden und um auf gemachte Definitionen zurückgreifen zu können.

Zu diesen Voraussetzungen gehören:

- *Organisationsstruktur*: Wie bilden wir unser Unternehmen in SAP ab?
- *GuV-Struktur im Finanzwesen*: Wie sieht unser Bilanzschema in SAP aus? (wobei der Fokus auf der GuV liegt)
- *Deckungsbeitragsstruktur (DB-Struktur) in der kalkulatorischen Ergebnisrechnung*: Welche Wertfelder haben wir zur Abbildung unserer DB-Struktur im kalkulatorischen CO-PA definiert?
- *Deckungsbeitragsstruktur in der buchhalterischen Ergebnisrechnung*: Wie bilden wir die Kontenstruktur im buchhalterischen CO-PA ab?
- *Materialien*: Wie definieren wir für ein Fertigprodukt und zwei Rohstoffe die entsprechenden Materialstammdaten mit den relevanten Feldern?
- *Standardkalkulation*: Wie erstellen wir eine Standardkalkulation und ermitteln somit die Herstellkosten für unser Fertigprodukt?

Da das Hauptaugenmerk unseres Buches darauf liegt, die Werteflüsse von logistischen und produktionstechnischen Prozessen im Finanzwesen, Controlling und der Ergebnisrechnung (sowohl kalkulatorisch als auch buchhalterisch) abzubilden und herzuleiten, werden wir bei den Voraussetzungen auch nur auf die von uns benötigten Einstellungen eingehen. Wir werden allerdings nicht jedes Mal zeigen, wie Sie diese im Detail vornehmen. Das würde den Rahmen dieses Buches sprengen.

2.1 Organisatorische Voraussetzungen

2.1.1 Organisationsstrukturen unseres SAP-Systems

In unserem SAP S/4HANA bildet die Organisationsstruktur das Rückgrat des Systems. Alle Einstellungen, die für die Abbildung von Prozessen gemacht werden, basieren darauf. Deswegen wollen wir Ihnen unsere Organisationstruktur, die wir zur Beschreibung des Werteflusses verwenden, in Abbildung 2.1 vorstellen.

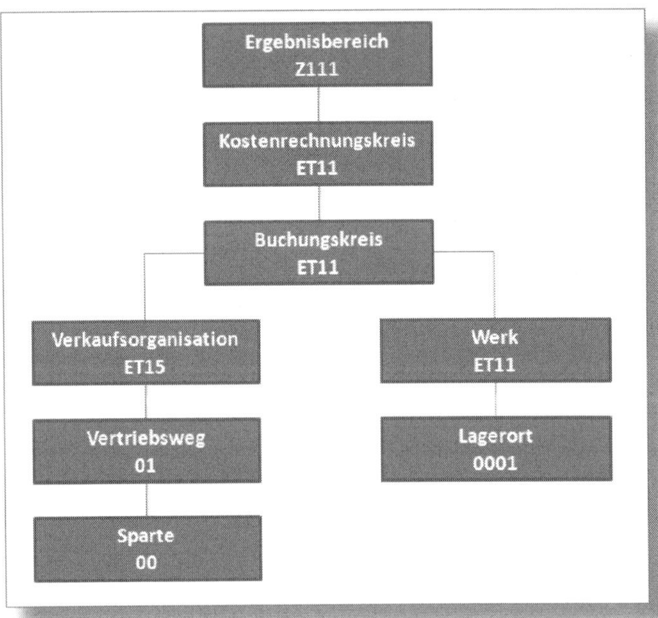

Abbildung 2.1: Organisationsstruktur

Wir starten unseren Prozess in dem Moment, in dem ein Kunde einen Auftrag für unser Fertigprodukt platziert. Hierfür legen wir einen Kundenauftrag in der *Verkaufsorganisation* ET15 mit dem *Vertriebsweg* 01 und der *Sparte* 00 an. Anschließend werden wir das Produkt im *Werk* ET11 herstellen, im *Lagerort* 0001 einlagern, an den Kunden liefern und eine Rechnung erstellen.

Da während dieser logistischen Prozesse Werteflüsse in das Finanzwesen und Controlling stattfinden, haben wir den *Buchungskreis* ET11 angelegt und diesen dem *Kostenrechnungskreis* ET11 zugeordnet. Um schließlich Werte nach CO-PA überleiten zu können, haben wir unseren Kostenrechnungskreis dem *Ergebnisbereich Z111* zugeordnet. Dieser Ergebnisbereich wurde sowohl für die KALKULATORISCHE als auch für die BUCHHALTERISCHE Ergebnisrechnung aktiviert, was Abbildung 2.2 zeigt.

Abbildung 2.2 : Ergebnisbereich

Somit stellen wir sicher, dass wir unseren Prozess logistisch und produktionstechnisch durchspielen, um parallel die entsprechenden Werte ins **Finanzwesen**, **Controlling** sowie in die **kalkulatorische** und

buchhalterische Ergebnisrechnung (als Unterbaustein des Controllings) überleiten zu können.

Organisationsstruktur

Machen Sie sich in diese Seite ein Eselsohr: In unserem späteren Durchlauf werden wir immer wieder Organisationseinheiten aus dieser Organisationsstruktur verwenden.

2.1.2 Verkürzte GuV-Struktur für unseren Wertefluss im FI

Eine Bilanz- und GuV-Struktur wird über ein *Bilanzschema* im SAP-System angelegt. Das Bilanzschema wird im Customizing unter dem Menüpfad SPRO • Finanzwesen (neu) • Hauptbuchhaltung • Stammdaten • Sachkonten • Bilanz-/GuV-Strukturen definiert oder mit dieser Fiori-App:

Wir verwenden die von uns hinterlegte Bilanz-/GuV-Struktur *ZHGB*.

Für unseren Wertefluss haben wir uns für eine verkürzte Darstellung der GuV entschieden, um die Analyse im weiteren Verlauf des Buches besser darstellen zu können (siehe Abbildung 2.3).

Dabei soll *WE* für Wareneingang, *WA* für Warenausgang, *MGK* für Materialgemeinkostenzuschlag *FGK* für Fertigungsgemeinkostenzuschlag und *KdU* für *Kosten des Umsatzes* stehen.

GuV		
Umsatz		
	Umsatzerlöse	
	Erlösschmälerungen	
Bestandsveränderungen		
	WE Fertige Erzeugnisse	
	WE Fertige Erzeugnisse	
	WA Fertige Erzeugnisse	
		KdU Material
		KdU MGK
		KdU Fertigung
		KdU FertGK
	Produktionsabweichung	
		Preisdifferenz PRIV
		Preisdifferenz QTYV
		Preisdifferenz INPV
Materialaufwand		
	Verbrauch Rohstoffe	
	MGK	
Personalaufwand		
	Personalstunden	
	FGK	
	Löhne Produktion	
	Gehalt Prod.Ltg.	
	Löhne Einkauf	
Sonstiges		
	Umlage CCA->CO-PA	
Ergebnis		

Abbildung 2.3: Verkürzte GUV-Struktur

Der Warenausgang (Lieferung der Ware an den Kunden) wird in S/4HANA in die einzelnen Bestandteile aus der Standardkalkulation differenziert, sprich, die Warenausgangsbuchung erfolgt nicht mehr nur mit dem Gesamtwert, sondern die einzelnen Kostenelemente werden mit der Warenausgangsbuchung nun auch auf einzelne Konten ins FI übergeben.

Auch die Produktionsabweichungen werden im Zuge der Abrechnung des Produktionsauftrags nicht mehr nur mit dem Gesamtbetrag der Abweichung an FI übergeben, sondern die einzelnen Abweichungskategorien werden auf separate Konten ins FI gebucht.

Diese detailliertere Aufteilung der Kosten ist neu in S/4HANA. In SAP ERP war dies nicht möglich. Die damit einhergehenden Prozesse und Customizingeinstellungen werden in den folgenden Kapiteln (Warenausgang: siehe Abschnitt 5.2.2; Produktionsabweichung: siehe Abschnitt 4.3.2) beschrieben.

Die verkürzte GuV-Struktur werden wir während unseres Prozessdurchlaufs mit Werten füllen.

2.1.3 Deckungsbeitragsstruktur für unseren Wertefluss (Kalkulatorische Ergebnisrechnung)

Auch für die Beschreibung unseres Werteflusses verwenden wir eine verkürzte Deckungsbeitragsstruktur, wie Abbildung 2.4 zeigt.

DB-Struktur
Bruttoumsatz
Rabatte
Fakturaumsatz
Kosten des Warenausgangs
Produktionsabw.
Materialeinsatz
MGK
Fertigungskosten
FGK
Deckungsbeitrag
Umlagen
Ergebnis

Abbildung 2.4: Deckungsbeitragsstruktur – kalkulatorische Ergebnisrechnung

Die Deckungsbeitragsstruktur wird im Reporting des SAP-Moduls CO-PA definiert. In der kalkulatorischen Form des CO-PA wird sie mithilfe von Wertfeldern dargestellt. *Wertfelder* und *Merkmale* sind die Stammdaten, die im CO-PA geführt werden. Die Zeilen der Deckungsbeitragsstruktur werden als Wertfelder (das sind Felder, die Werte aufnehmen) oder Summen von Wertfeldern definiert, Zwischensummen als Formeln im CO-PA-Reporting angelegt.

2.1.4 Deckungsbeitragsstruktur für unseren Wertefluss (Buchhalterische Ergebnisrechnung)

Im Unterschied zur kalkulatorischen Ergebnisrechnung basiert die buchhalterische Form nicht auf Wertfeldern, sondern auf FI-Konten. So war es z. B. in SAP ERP nicht möglich, in der buchhalterischen Ergebnisrechnung die Kosten des Umsatzes in seine Bestandteile zu zerlegen, die Preisdifferenzen in einzelnen Kategorien darzustellen oder Kostenstellenumlagen durchzuführen. Diese Nachteile bestehen unter S/4HANA nicht mehr, sodass merkmalsbezogene Auswertungen in der buchhalterischen Ergebnisrechnung mit diesen Informationen durchgeführt werden können.

Um diesen veränderten Wertefluss in der buchhalterischen Ergebnisrechnung darzustellen, haben wir wiederum eine verkürzte Deckungsbeitragsstruktur definiert, wie in Abbildung 2.5 dargestellt.

DB-Struktur
Umsatzerlöse
Erlösschmälerungen
Fakturaumsatz
Kosten des Warenausgangs
KdU Material
KdU MGK
KdU Fertigung
KdU FertGK
Produktionsabweichung
Preisdifferenz PRIV
Preisdifferenz QTYV
Preisdifferenz INPV
Deckungsbeitrag
Umlagen
Ergebnis

Abbildung 2.5: Deckungsbeitragsstruktur – buchhalterische Ergebnisrechnung

Die Deckungsbeitragsstruktur wird im Reporting des SAP-Moduls CO-PA definiert. In der buchhalterischen Form des CO-PA wird sie mithilfe von Konten dargestellt. Als *Merkmale* dienen die im CO-PA geführten Stammdaten. Die Zeilen der Deckungsbeitragsstruktur werden als »Konten« oder »Summen von Konten« definiert, und Zwischensummen werden als Formeln im CO-PA-Reporting angelegt.

2.1.5 Gegenüberstellung GuV und Deckungsbeitragsstruktur

Am Ende jedes Kapitels, das Buchungsvorgänge oder Vorgänge beschreibt, die zur Abstimmung zwischen FI und CO erforderlich sind, finden Sie ein Übersichtsbild, das die in den Abschnitten 2.1.2, 2.1.3 sowie 2.1.4 beschriebenen Strukturen gegenüberstellt und die Vorgänge hervorhebt, die in dem jeweiligen Kapitel erläutert wurden.

Die noch ungefüllte Ursprungsübersicht finden Sie in Abbildung 2.6, während Abbildung 2.7 dieselbe Gegenüberstellung von GuV und DB-Strukturen zeigt, aber inklusive aller Konten, die im Laufe unserer Prozessbeschreibung bebucht werden.

		Kostenstelle	Fertigungsauftrag	Kalkulatorische Ergebnisrechnung			Buchhalterische Ergebnisrechnung unter S/4HANA	
GuV	**Wert**	**Wert**	**Wert**	**DB-Struktur**	**Ist-Wert**	**Kalk. Werte**	**DB-Struktur**	**Wert**
Umsatz								
Umsatzerlöse				Bruttoumsatz			Umsatzerlöse	
Erlösschmälerungen				Rabatte			Erlösschmälerungen	
Bestandsveränderungen				Fakturaumsatz			Fakturaumsatz	
VE Fertige Erzeugnisse								
VE Fertige Erzeugnisse								
VA Fertige Erzeugnisse				Kosten des VA			Kosten des VA	
KdU Material							KdU Material	
KdU MGK							KdU MGK	
KdU Fertigung							KdU Fertigung	
KdU FertGK							KdU FertGK	
Produktionsabweichung				Produktionsabweichung			Produktionsabweichung	
Preisdifferenz PRIV				Preisdifferenz PRIV			Preisdifferenz PRIV	
Preisdifferenz QTYV				Preisdifferenz QTYV			Preisdifferenz QTYV	
Preisdifferenz INPV				Preisdifferenz INPV			Preisdifferenz INPV	
Materialaufwand								
Verbrauch Rohstoffe				Materialeinsatz				
MGK				MGK				
Personalaufwand								
Personalstunden				Fertigungskosten				
FGK				FGK				
Löhne Produktion								
Gehalt Prod.Ltg.				Deckungsbeitrag			Deckungsbeitrag	
Löhne Einkauf								
Sonstiges								
Umlage CCA->CO-PA				Umlagen			Umlagen	
Ergebnis	0	0	0	Ergebnis	0		Ergebnis	0

Abbildung 2.6: Gegenüberstellung von GuV und DB-Strukturen

FI		Kostenstelle	Fertigungs-auftrag	Kalkulatorische Ergebnisrechnung			Buchhalterische Ergebnisrechnung unter S/4 HANA Finance	
GuV	Wert	Wert	Wert	DB-Struktur	Ist-Wert	Kalk. Werte	DB-Struktur	Wert
Umsatz								
Umsatzerlöse				Bruttoumsatz			Umsatzerlöse	
Kto 41000000							Kto 41000000	
Erlösschmälerungen				Rabatte			Erlösschmälerungen	
Kto 41003000							Kto 41003000	
Bestandsveränderungen				Fakturaumsatz			Fakturaumsatz	
WE Fertige Erzeugnisse								
Kto 55100000			KA 55100000					
BV WIP								
Kto 54200000			Kto 54200000					
WA Fertige Erzeugnisse				Kosten des WA			Kosten des WA	
Kto 54083000							Kto 54083000	
KdU Material							KdU Material	
Kto 50301000							Kto 50301000	
KdU MGK							KdU MGK	
Kto 50303000							Kto 50303000	
KdU Fertigung							KdU Fertigung	
Kto 50304000							Kto 50304000	
KdU FertGK							KdU FertGK	
Kto 50307000							Kto 50307000	
Produktionsabweichung				Produktionsabw.			Produktionsabw.	
Kto 52070000			KA 52070000				Kto 52070000	
Preisdifferenz PRIV							Preisdifferenz PRIV	
Kto 52071000							Kto 52071000	
Preisdifferenz QTYV							Preisdifferenz QTYV	
Kto 52072000							Kto 52072000	
Preisdifferenz INPV							Preisdifferenz INPV	
Kto 52074000							Kto 52074000	
Materialaufwand								
Verbrauch Rohstoffe				Materialeinsatz				
Kto 51100000			KA 51100000					
MGK				MGK				
Kto 94111000		KA 94111000	KA 94111000					
Personalaufwand								
Personalstunden				Fertigungskosten				
Kto 94311000		KA 94311000	KA 94311000					
FGK				FGK				
Kto 94112000		KA 94112000	KA 94112000					
Löhne Produktion / Einkauf								
Kto 61103000		KA 61103000						
Gehalt Prod.Ltg.				Deckungsbeitrag			Deckungsbeitrag	
Kto 61100000		KA 61100000						
Sonstiges								
Umlage CCA->CO-PA				Umlagen			Umlagen	
Kto 94220000		KA 94220000					Kto 94220000	
Ergebnis	0	0	0	Ergebnis	0		Ergebnis	0

Abbildung 2.7: Übersicht FI/CO/CO-PA inkl. Konten

In S/4HANA werden das Finanzwesen und das Controlling zusammengeführt. Kostenarten werden nicht mehr separat im CO, sondern über die Sachkontenanlage im FI erstellt. Jedes Konto hat einen speziellen Sachkontentyp und einen davon abhängigen Kostenartentyp. Dementsprechend sind auch die ehemaligen sekundären Kostenarten als FI-Konten angelegt.

Welche Bedeutung die in diesem Buch benutzten Konten haben, erläutert Abbildung 2.8.

Konten				
Konto	Kontenbezeichnung	Sachkontoart	Kostenartentyp	Kostenartentyp-Bezeichnung
41000000	Erlöse - Erzeugnis	Primärkosten oder Erlöse	11	Erlöse
41003000	Erlösschmälerungen	Primärkosten oder Erlöse	12	Erlösschmälerung
55100000	Wareneing.Produktion	Primärkosten oder Erlöse	22	Abrechnung extern
54200000	Bestandsveränderung WIP	Nicht betriebliche Aufwendungen und Erträge		
54083000	Herstellkosten des Umsatzes	Primärkosten oder Erlöse	1	Primärkosten / kostenmindernde Erlös
50301000	*KdU Material*	*Primärkosten oder Erlöse*	*1*	*Primärkosten / kostenmindernde Erlös*
50303000	*KdU MGK*	*Primärkosten oder Erlöse*	*1*	*Primärkosten / kostenmindernde Erlös*
50304000	*KdU Fertigung*	*Primärkosten oder Erlöse*	*1*	*Primärkosten / kostenmindernde Erlös*
50307000	*KdU FertGK*	*Primärkosten oder Erlöse*	*1*	*Primärkosten / kostenmindernde Erlös*
52070000	Aufwand Prod Prdiff	Primärkosten oder Erlöse	1	Primärkosten / kostenmindernde Erlös
52071000	*Preisdifferenz PRIV*	*Primärkosten oder Erlöse*	*1*	*Primärkosten / kostenmindernde Erlös*
52072000	*Preisdifferenz QTYV*	*Primärkosten oder Erlöse*	*1*	*Primärkosten / kostenmindernde Erlös*
52074000	*Preisdifferenz INPV*	*Primärkosten oder Erlöse*	*1*	*Primärkosten / kostenmindernde Erlös*
51100000	Verbrauch Rohstoffe	Primärkosten oder Erlöse	1	Primärkosten / kostenmindernde Erlös
94311000	Personalstunden	Sekundärkosten	43	Verrechnung Leistungen/Prozesse
94111000	Gemeinkosten Material	Sekundärkosten	41	Gemeinkostenzuschläge
94112000	Gemeinkosten Fertigung	Sekundärkosten	41	Gemeinkostenzuschläge
61103000	Löhne	Primärkosten oder Erlöse	1	Primärkosten / kostenmindernde Erlös
61100000	Gehälter	Primärkosten oder Erlöse	1	Primärkosten / kostenmindernde Erlös
94220000	CO-PA Umlage	Sekundärkosten	42	Umlage

Abbildung 2.8: Konten-/Kostenartenübersicht

Zu Beginn unserer Gegenüberstellung der GuV mit der Deckungsbeitragsrechnung gehen wir davon aus, dass erste Aufwandsbuchungen in der Periode bereits erfolgt sind. Diese GuV-Konten wurden mit der Sachkontoart *Primärkosten oder Erlöse* und dem Kostenartentyp *1* (Primärkostenart) angelegt, sodass sie auch für CO gültig sind. Daher ist für sie eine *kostenrechnungsrelevante Kontierung* erforderlich – wir haben dazu jeweils eine Kostenstelle verwendet. Wir legen folgende Aufwandsbuchungen zugrunde:

- **Löhne Produktion** (Konto 61103000) auf Kostenstelle KS1 in Höhe von *1.500 EUR*,
- **Gehälter der Produktionsleitung** (Gehalt Prod.Ltg.) (Konto 61100000) auf Kostenstelle KS4 in Höhe von *1.000 EUR*,
- **Löhne Einkauf** (Konto 61103000) auf Kostenstelle KS3 in Höhe von *1.000 EUR*.

In Abbildung 2.9 sehen Sie die daraus folgende Übersicht FI/CO/CO-PA zum Start unseres Beispiels.

		Kostenstelle	Fertigungsauftrag	Kalkulatorische Ergebnisrechnung			Buchhalterische Ergebnisrechnung unter S/4HANA	
GuV	Wert	Wert	Wert	DB-Struktur	Ist-Wert	Kalk. Werte	DB-Struktur	Wert
Umsatz								
Umsatzerlöse				Bruttoumsatz			Umsatzerlöse	
Erlösschmälerungen				Rabatte			Erlösschmälerungen	
Bestandsveränderungen				Fakturaumsatz	0		Fakturaumsatz	0
WE Fertige Erzeugnisse								
WE Fertige Erzeugnisse								
WA Fertige Erzeugnisse				Kosten des WA			Kosten des WA	
KdU Material							KdU Material	
KdU MGK							KdU MGK	
KdU Fertigung							KdU Fertigung	
KdU FertGK							KdU FertGK	
Produktionsabweichung				Produktionsabweichung			Produktionsabweichung	
Preisdifferenz PRIV				Preisdifferenz PRIV			Preisdifferenz PRIV	
Preisdifferenz QTYV				Preisdifferenz QTYV			Preisdifferenz QTYV	
Preisdifferenz INPV				Preisdifferenz INPV			Preisdifferenz INPV	
Materialaufwand								
Verbrauch Rohstoffe				Materialeinsatz				
MGK				MGK				
Personalaufwand								
Personalstunden				Fertigungskosten				
FGK				FGK				
Löhne Produktion	1.500	1.500						
Gehalt Prod.Ltg.	1.000	1.000		Deckungsbeitrag	0		Deckungsbeitrag	0
Löhne Einkauf	1.000	1.000						
Sonstiges								
Umlage CCA->CO-PA				Umlagen			Umlagen	
Ergebnis	3.500	3.500	0	Ergebnis	0		Ergebnis	0

Abbildung 2.9: Start Übersicht FI/CO/CO-PA

Ohne dass der logistische Verkaufs- und Produktionsprozess begonnen hat, haben wir bereits Aufwände in Höhe von *3.500 EUR* gebucht. Hoffen wir nun, dass im Laufe unserer Beschreibung des Werteflusses noch einige positive Vorgänge gebucht werden, damit wir zum Periodenende nicht einen Fehlbetrag von *3.500 EUR* ausweisen müssen.

2.2 Die Standardmaterialkalkulation

Um eine *Standardmaterialkalkulation* für unser zu produzierendes Fertigprodukt erstellen zu können, müssen die *Artikelstammdaten* des Fertigprodukts und der für dessen Herstellung erforderlichen Bestandteile korrekt gepflegt sein.

In einem integrierten ERP-System sollte die Bedeutung von korrekt gepflegten Stammdaten jedem bewusst sein, denn durch diese Einstellungen werden im System Prozesse gesteuert, und viele unterschiedliche Module greifen auf die gleichen Informationen dieser Stammdaten zu.

Deswegen widmen wir uns im folgenden Abschnitt zuerst einmal den Artikelstammdaten.

2.2.1 Artikelstammdaten

Allgemeine Definition von Artikelstammdaten

Für jede Abteilung werden sogenannte *Sichten* zu einem Material angelegt. Diese können sodann von jeder Abteilung entsprechend ihren eigenen Bedürfnissen gepflegt werden.

Für unseren Wertefluss legen wir drei Materialien im System an:

- Unser *Verkaufsprodukt (FERT1),* das wir selbst herstellen und verkaufen wollen, sowie
- zwei *Rohstoffe* (*ROH1* und *ROH2*), die wir in der Herstellung unseres Produkts verwenden werden.

Wie schon bei der GuV-Struktur konzentrieren wir uns bei unseren Materialien auf die Sichten und Felder, die für unseren Wertefluss nötig und interessant sind:

- **Materialnummer, Materialkurztext, Basismengeneinheit**
  Die *Materialnummer* ist der Schlüssel, der unser Produkt im SAP-System eindeutig definiert. Der *Materialkurztext* ist die sprechende Beschreibung unseres Produkts. Die *Basismengeneinheit* stellt die Einheit dar, in der die Bestände im SAP-System geführt werden.

- **Beschaffungsart**
  Über die *Beschaffungsart* definieren wir, ob das Produkt in unserem Unternehmen produziert (E) oder bei Lieferanten eingekauft wird (F). Das Beschaffungskennzeichen wird gleich im nächsten Kapitel interessant, wenn wir über die Standardkalkulation für unser selbst hergestelltes Verkaufsprodukt sprechen.

- **Bewertungsklasse**
  Die *Bewertungsklasse* bestimmt die Sachkonten, die beispielsweise. bei einer Warenbewegung bebucht werden. Sie muss dafür im Customizing (Transaktion *OBYC*) für die entsprechenden Vorgänge den jeweiligen Sachkonten zugeordnet werden. Wir werden während unseres Werteflusses immer wieder auch auf die Transaktion *OBYC* zu sprechen kommen, um an den einzelnen logistischen oder produktionstechnischen Vorgängen genau zu erklären, warum das entsprechende Konto für die jeweilige Buchung genutzt wird.

- **Preissteuerung**
  Die *Preissteuerung* gibt an, wie der Bestand eines Materials bewertet werden soll: entweder mit dem Standardpreis (S) oder mit dem gleitenden Durchschnittspreis (V).

  - Der *S-Preis* stellt einen festen Preis dar, der sich weder bei Warenbewegungen noch bei der Erfassung von Rechnungen ändert. Er sollte immer für selbst hergestellte Produkte eingestellt werden. Der S-Preis wird über die Materialkalkulation ermittelt, auf die wir im nächsten Abschnitt genauer eingehen werden.

  - Der *V-Preis*, auch *gleitender Durchschnittspreis* genannt, kann sich dagegen mit jeder Wareneingangsbewegung oder Rechnungserfassung ändern. Er ergibt sich immer aus dem gesamten Materialwert geteilt durch den Materialbestand und sollte stets für fremdbeschaffte Produkte eingestellt werden.

- **Bereich »Plankalkulation«**
  In der Kalkulationssicht ist der Bereich *Plankalkulation* wichtig für unser Fertigprodukt. Wie sich diese Plankalkulationsfelder befüllen, werden wir ebenfalls im nächsten Kapitel genauer betrachten.

Anlage der relevanten Materialstammdaten zur Beschreibung unseres logistischen Verkaufs- und Produktionsprozesses

Drei Materialien spielen im weiteren Verlauf dieses Buches eine wesentliche Rolle:

FERT1 – Fertigprodukt 1

Unser einziges Fertigprodukt, das wir verkaufen wollen, haben wir im Werk *ET11* mit der Materialnummer *FERT1* angelegt. Der Materialtext lautet *Fertigprodukt 1*. Die Basismengeneinheit ist »Stück« und die Bewertungsklasse *7920*. Die Preissteuerung steht auf *S*. Da wir dieses Produkt selbst herstellen wollen, lautet das Beschaffungskennzeichen *E* wie »Eigen«.

ROHSTOFF 1 und **ROHSTOFF 2**

Unsere Rohstoffe haben wir im Werk ET11 mit den Materialnummern ROHSTOFF 1 und ROHSTOFF 2 angelegt. Die Basismengeneinheit ist jeweils »Stück«. Die Bewertungsklasse lautet *3000*. Die Preissteuerung steht jeweils auf *V* (gleitender Durchschnittspreis).

Diese Rohstoffe beschaffen wir extern und haben deswegen das Beschaffungskennzeichen auf *F* (für »Fremd«) gesetzt.

Materialstammdaten können wir uns in SAP mit der Transaktion *MM03* ansehen, angelegt werden sie mit der Transaktion *MM01*.

Alternativ stehen die beiden folgenden Fiori-Apps zur Verfügung:

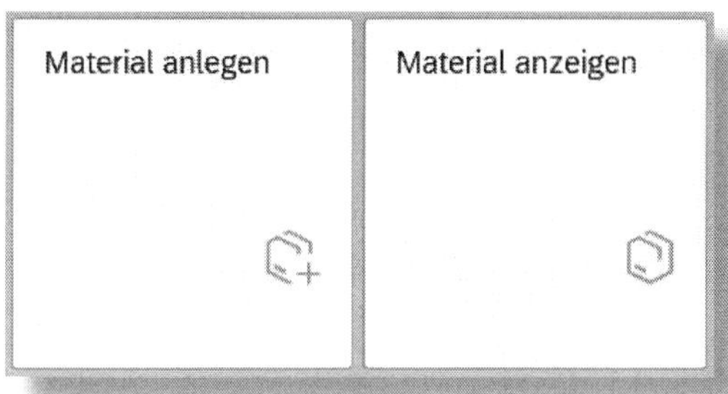

2.2.2 Die Materialkalkulation

Wie schon in der Einleitung erwähnt, wollen wir in diesem Abschnitt nicht explizit erklären, wie eine Materialkalkulation mit all ihren Feinheiten erstellt wird. Uns ist an dieser Stelle einzig wichtig, die Materialkalkulationsbestandteile zur Kalkulation unseres Fertigprodukts FERT1 zu beschreiben, die wir als Voraussetzung für unseren zu beschreibenden Wertefluss benötigen.

Die Materialkalkulation beantwortet uns die wichtige Frage: »Was kostet uns das herzustellende Produkt?«

Angelegt wird sie mit der Transaktion *CK11N*, mit der Transaktion *CK13N* können wir uns eine bereits erstellte Materialkalkulation anzeigen lassen.

Alternativ stehen die beiden folgenden Fiori-Apps zur Verfügung:

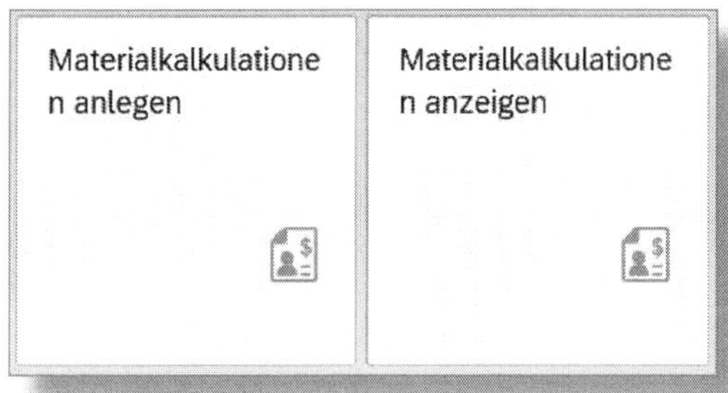

Für unser Fertigprodukt *FERT1* haben wir eine erste Materialkalkulation erstellt, aus der sich ein Wert von *1.650 EUR* ergibt (siehe Abbildung 2.10).

Wie kommt dieser Kalkulationswert zustande? Auf den folgenden Seiten wollen wir uns die Herleitung etwas genauer ansehen.

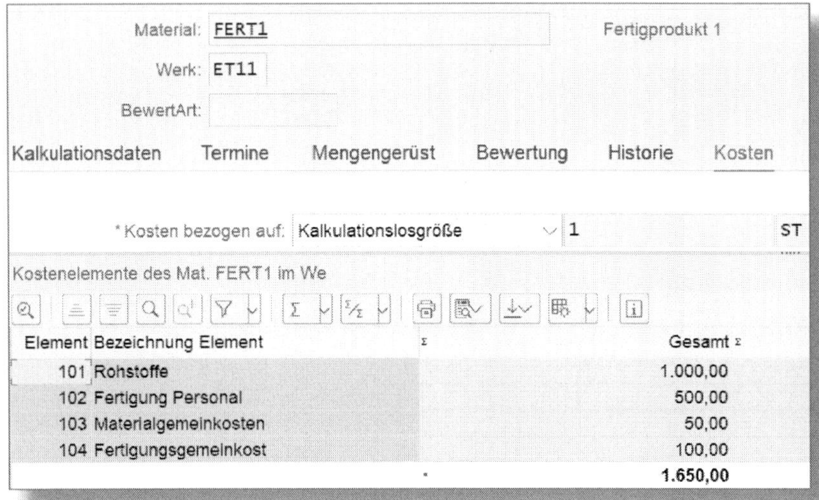

Abbildung 2.10: Standardkalkulation

Kostenelement »Rohstoffe«

Beginnen wir mit dem Kostenelement *Rohstoffe*. Dazu werden die für die Herstellung unseres Fertigprodukts erforderlichen Mengen an Rohmaterialien mit den jeweiligen Preisen bewertet, die in den Materialstämmen der Rohstoffe hinterlegt sind.

Die *Stückliste* definiert, welche Rohstoffe in welcher Quantität verwendet werden. Zur Herstellung unseres fiktiven Fertigprodukts werden ein Stück von ROHSTOFF 1 und zwei Stück von ROHSTOFF 2 benötigt.

Dementsprechend haben wir für unser Fertigprodukt die in Abbildung 2.11 gezeigte Stückliste angelegt.

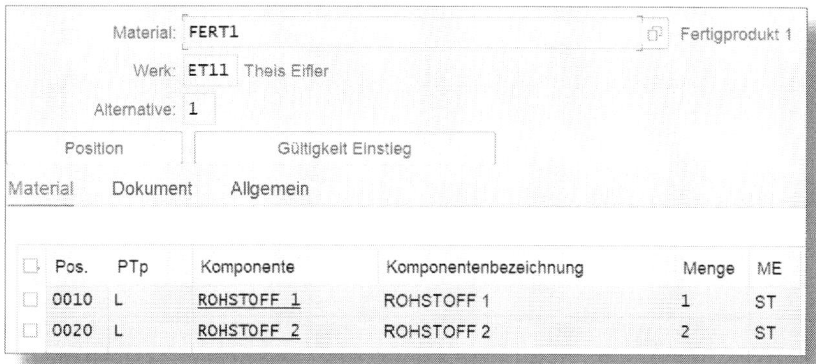

Abbildung 2.11: Stückliste FERT1

Stücklisten können wir uns mit der Transaktion *CS03* anzeigen lassen, angelegt werden sie mit der Transaktion *CS01*.

Außerdem stehen dafür die folgenden Fiori-Apps zur Verfügung:

Rohstoff 1 haben wir für *400 EUR* pro Stück eingekauft, *Rohstoff 2* für *300 EUR* pro Stück (siehe Abbildung 2.12 und Abbildung 2.13).

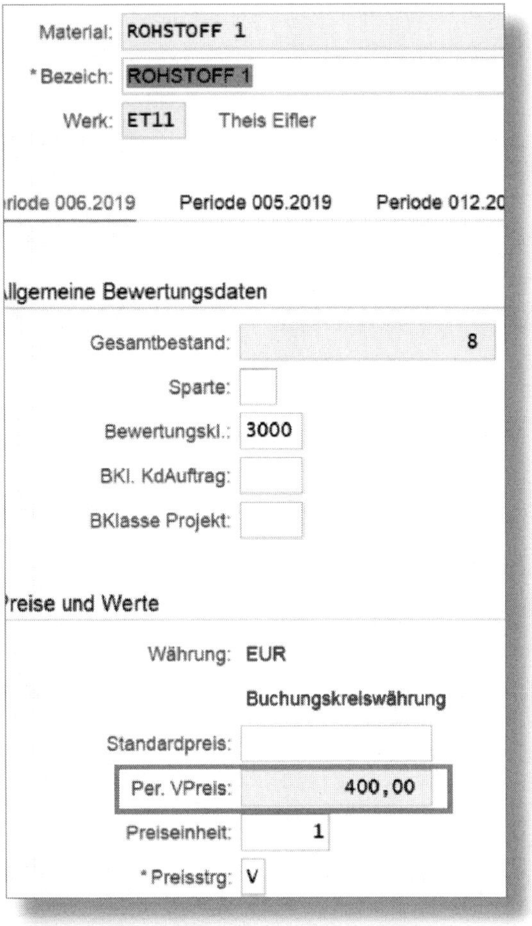

Material: ROHSTOFF 1
*Bezeich: ROHSTOFF 1
Werk: ET11 Theis Eifler

riode 006.2019 Periode 005.2019 Periode 012.20

llgemeine Bewertungsdaten

Gesamtbestand: 8
Sparte:
Bewertungskl.: 3000
BKl. KdAuftrag:
BKlasse Projekt:

reise und Werte

Währung: EUR
Buchungskreiswährung
Standardpreis:
Per. VPreis: 400,00
Preiseinheit: 1
*Preisstrg: V

Abbildung 2.12: ROHSTOFF 1

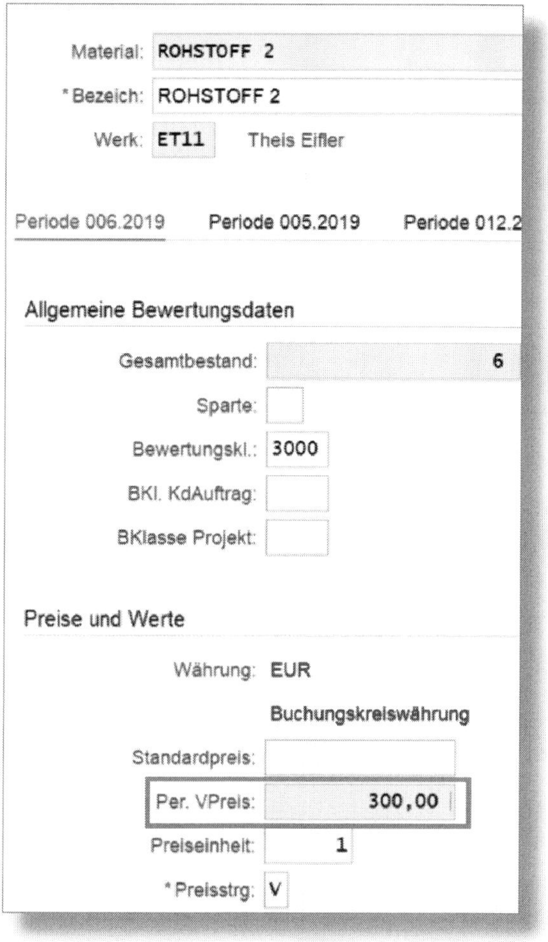

Material: ROHSTOFF 2
*Bezeich: ROHSTOFF 2
Werk: ET11 Theis Eifler

Periode 006.2019 Periode 005.2019 Periode 012.2

Allgemeine Bewertungsdaten

Gesamtbestand: 6
Sparte:
Bewertungskl.: 3000
BKl. KdAuftrag:
BKlasse Projekt:

Preise und Werte

Währung: EUR
Buchungskreiswährung
Standardpreis:
Per. VPreis: 300,00
Preiseinheit: 1
*Preisstrg: V

Abbildung 2.13: ROHSTOFF 2

Unter der Annahme, dass wir vorher noch keinen Bestand der jeweiligen Rohstoffe auf Lager hatten, ergibt sich ein gleitender Durchschnittspreis von *400* bzw. *300 EUR*, der in der Buchhaltungssicht 1 des jeweiligen Artikelstamms hinterlegt ist.

Daraus resultiert für das Kostenelement »Rohstoffe« folgende Berechnung:

```
(1 Stück des Rohstoffes 1, bewertet mit 400 EUR) +
(2 Stück des Rohstoffes 2, bewertet mit 300 EUR)
= 1.000 EUR Kosten für Rohstoffe.
```

Kostenelement »Materialgemeinkosten«

Als nächstes Kostenelement betrachten wir die *Materialgemeinkosten*. Sie dienen dazu, Kosten auf ein Produkt zu verrechnen, die z. B. mit der Beschaffung der Materialien zu tun haben, wie etwa die Kosten des Einkaufes. Dabei wird ein prozentualer Zuschlag auf eine Basis (z. B. Rohstoffkosten) erhoben.

Der Materialgemeinkostenzuschlagssatz errechnet sich aus der Division der Materialgemeinkosten (im Zähler) und der Materialeinzelkosten (im Nenner).

Das Ergebnis dieser Bezuschlagung wird als Materialgemeinkosten ausgewiesen.

Um Materialgemeinkosten ermitteln zu können, müssen wir ein *Kalkulationsschema* im Customizing unter

CONTROLLING • PRODUKTKOSTENCONTROLLING • PRODUKTKOSTENPLANUNG • GRUNDEINSTELLUNG FÜR DIE MATERIALKALKULATION • KALKULATIONSSCHEMATA

definieren (siehe Abbildung 2.14).

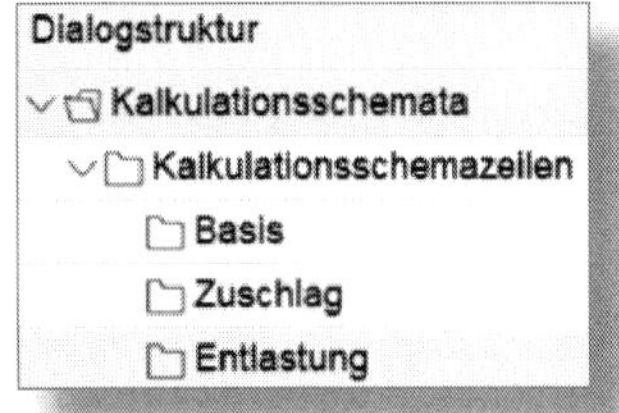

Abbildung 2.14: Bestandteile des Kalkulationsschemas

Das Kalkulationsschema haben wir *ZZUSC1* genannt. Für die Materialgemeinkosten haben wir für die Schemazeilen BASIS, ZUSCHLAG und ENTLASTUNG entsprechende Einträge vorgenommen.

Abbildung 2.15 zeigt die Einstellungen für unsere Kalkulation im Detail.

gstruktur
Kalkulationsschemata
Kalkulationsschemazeilen
Basis
Zuschlag
Entlastung

Schema: ZZUSC1 Zuschläge Theis / Prüfen Liste

Kalkulationsschemazeilen

Zeile	Basis	Zuschlag	Bezeichnung	von	bis Zeile	Entlastung
1	ZMAT		Materialgemeinkosten			
2		ZMAZ	Materialgemeinkosten	1	1	ZMA

Abbildung 2.15: Kalkulationsschema MGK

BASIS

Als Basis ZMAT haben wir die Verbrauchskonten unserer Rohstoffkonten definiert, die sich aus der *Kontenfindung (OBYC)* über die Bewertungsklassen ergeben.

In der Transaktion *OBYC* haben wir für Verbräuche von Rohstoffen der Bewertungsklasse *3000* das Konto *51100000* (Verbrauch Rohstoffe) hinterlegt (siehe Abbildung 2.16).

Kontenplan: ZINT Kontenplan Theis/Eifler

Vorgang: GBB Gegenbuchung zur Bestandsbuchung

Kontenzuordnung

Bewertungs...	Allg. Modifik...	Bewertungs...	Soll	Haben
	VBR	3000	51100000	51100000

Abbildung 2.16: MM-Kontenfindung

Eben dieses Konto haben wir als BERECHNUNGSBASIS *ZMAT* für den *Materialgemeinkostenzuschlag* hinterlegt (siehe Abbildung 2.17).

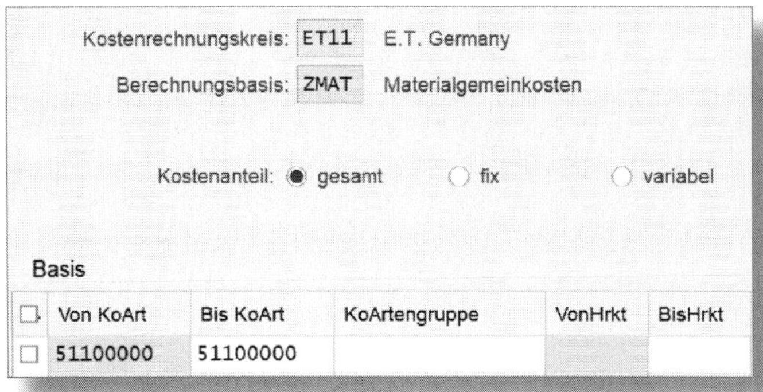

Abbildung 2.17: Basis für Materialgemeinkostenzuschlag

Zuschlag

Den Zuschlag *ZMAZ* haben wir auf *5,00 %* festgesetzt (siehe Abbildung 2.18).

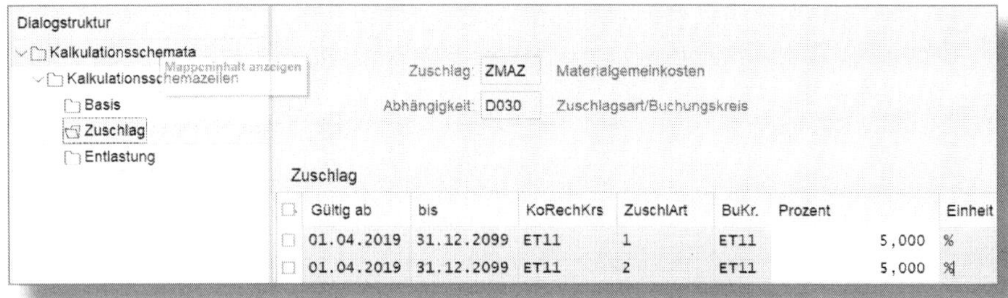

Abbildung 2.18: Materialgemeinkostenzuschlagssatz

Zuschlagsart

Bevor Sie sich fragen, warum es zwei Zeilen gibt, hier die kurze Erklärung: Die Zuschlagsart wird in »1« für Ist-Zuschlag und »2« für Plan-Zuschlag unterschieden. Wir könnten also für Ist- und Planzuschläge unterschiedliche Prozentsätze angeben, was für unser Beispiel aber nicht vorgesehen ist.

ENTLASTUNG

Die *Entlastung* definiert die zu entlastende Kostenstelle (in unserem Beispiel die Einkaufskostenstelle *KS3*) sowie die Kostenart, mit der die Entlastung auf der Kostenstelle und die Belastung auf unserem Produkt verbucht werden sollen, in unserem Fall die Kostenart *94111000* (Gemeinkosten Material) (siehe Abbildung 2.19).

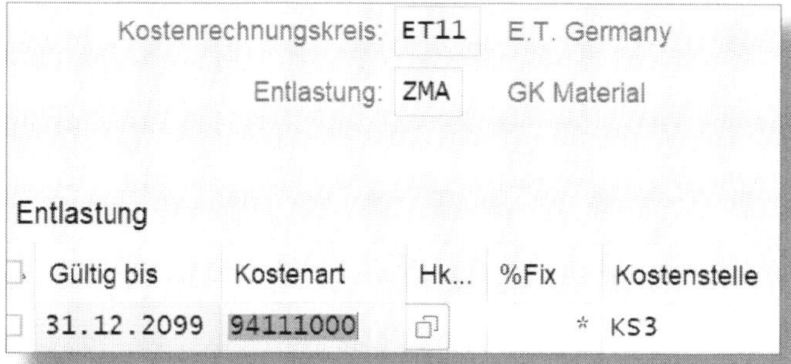

Abbildung 2.19: Entlastung Materialgemeinkosten

Damit haben wir festgelegt, dass die Kostenstelle KS3 um einen Teil der Kosten entlastet wird. Das fertige Produkt FERT1 wird mit diesen Kosten belastet.

Sachkontoart und Kostenartentyp

Wir haben das Sachkonto 94111000 mit der Sachkontoart »Sekundärkosten« und dem Kostenartentyp »41« angelegt. Die *Sachkontoart* gibt an, wie das Konto im Finanzwesen und im Controlling verwendet wird. Der Kostenartentyp legt fest, für welche Vorgänge innerhalb des Controllings das jeweilige Konto eingesetzt wird. Kostenartentyp *41* ist der Vorgang für die Gemeinkostenzuschläge. Die Sachkontoart »Sekundärkosten« wiederum besagt, dass das Konto nur im Controlling zum Einsatz kommt.

Somit ergibt sich folgende Berechnung für das Kostenelement »Materialgemeinkosten«:

```
Basis Rohstoffe 1.000 EUR * Zuschlagssatz 5 %
= 50 EUR Materialgemeinkosten
```

Kostenelement »Fertigung Personal«

Gehen wir zurück zur Materialkalkulation für unser Verkaufsprodukt FERT1 in Abbildung 2.10 und betrachten das Kostenelement »Fertigung Personal« etwas genauer.

Diese Fertigungskosten ergeben sich aus den geleisteten Arbeitsstunden und dem für eine Arbeitsstunde hinterlegten *Tarif*. Dieser ist nichts anderes als der Preis, den wir für eine Arbeitsstunde zur Fertigung unseres Produkts bezahlen müssen, und leitet sich aus der Tarifplanung ab, während sich die zu leistenden Arbeitsstunden aus Informationen im *Arbeitsplan* ergeben.

Über den *Arbeitsplatz* legen wir fest, wo unser Produkt gefertigt wird. Für unser Beispiel haben wir uns für einen reinen Personenarbeitsplatz entschieden (siehe Abbildung 2.20), an dem nur Personenstunden geleistet werden.

Unserem Arbeitsplatz haben wir die KOSTENSTELLE *KS1* (Produktion 1) zugeordnet. Warum eine Kostenstelle? Nun ja, an einem Arbeitsplatz arbeiten Mitarbeiter, die am Monatsende bezahlt werden müssen. Diese Lohnkosten werden auf diese Kostenstelle gebucht.

Einen Arbeitsplatz können wir uns mit der Transaktion *CR03* anschauen; angelegt wird ein Arbeitsplatz mit der Transaktion *CR01*.

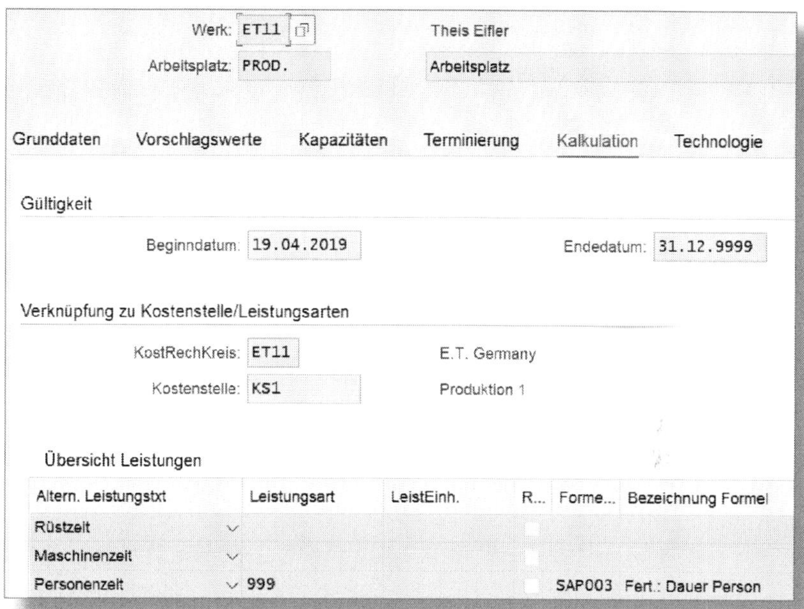

Abbildung 2.20: Arbeitsplatz PROD.

Alternativ stehen die folgenden Apps zur Verfügung:

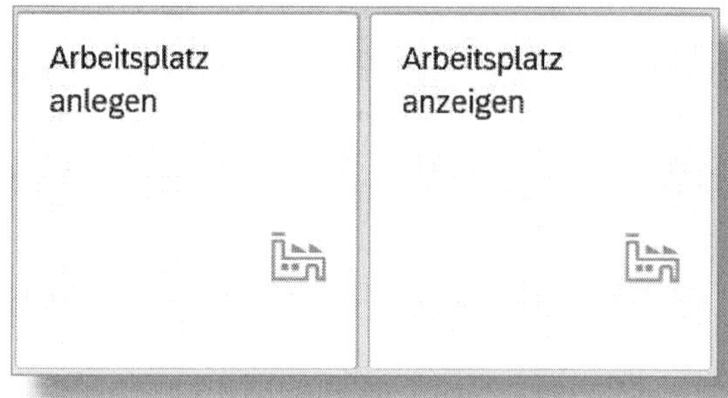

Um die Kosten unserer Kostenstelle bzw. des Arbeitsplatzes am Ende des Tages auf unser Produkt verrechnen zu können, haben wir die Leistungsart *999 – Personalstunden* angelegt (siehe Abbildung 2.21) und der VerrechnungsKostenart *94311000 – Personalstunden* zugeordnet.

Kostenartentyp

Wir haben das Sachkonto *94311000* mit dem Kostenartentyp *43* angelegt. Dieser entspricht dem Vorgang für die Verrechnung *Leistungen/Prozesse*.

Leistungsart: 999 Personalstunden
Kostenrechnungskreis: ET11 E.T. Germany
Gültig ab: 01.01.2019 bis: 31.12.9999

Grunddaten | Kennzeichen | Ausbringung | Historie

Bezeichnungen

Bezeichnung: Personalstunden
Beschreibung: Personalstunden

Grunddaten

Leistungseinheit: H Stunde
Kostenstellenarten: *

Vorschlagswerte für Verrechnung

Leistungsartentyp: 1 manuelle Erfassung, manuelle Verrechnung
VerrechKostenart: 94311000 Pers.std.

Abbildung 2.21: Leistungsart

Um zu definieren, wie viele Personenstunden wir für die Herstellung unseres Produkts benötigen, haben wir für unser Fertigprodukt einen *Arbeitsplan* erstellt (siehe Abbildung 2.22).

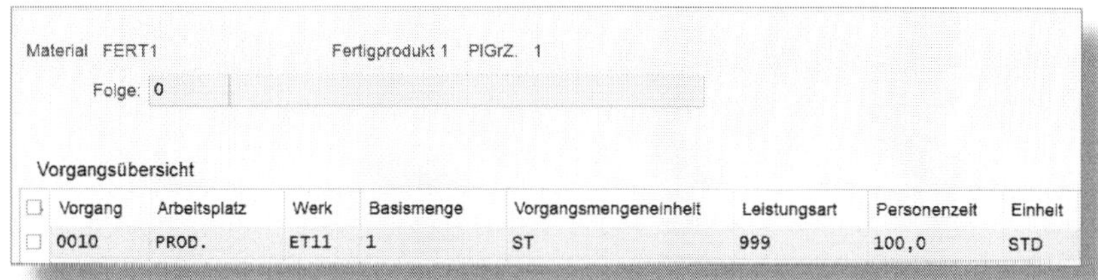

Material FERT1 Fertigprodukt 1 PlGrZ. 1

Folge: 0

Vorgangsübersicht

Vorgang	Arbeitsplatz	Werk	Basismenge	Vorgangsmengeneinheit	Leistungsart	Personenzeit	Einheit
0010	PROD.	ET11	1	ST	999	100,0	STD

Abbildung 2.22: Arbeitsplan FERT1

Einen Arbeitsplan können wir mit der Transaktion *CA03* ansehen, angelegt wird er mit der Transaktion *CA01*.

Die entsprechenden Fiori-Apps sehen Sie hier:

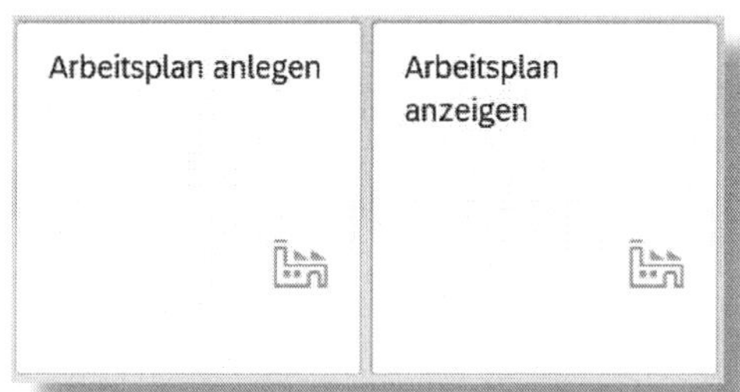

Nach diesem Plan benötigt die Herstellung eines Stücks unseres Verkaufsprodukts also *100 Stunden* eines Arbeiters an dem Arbeitsplatz *PROD.* Wenn wir ein Stück des Fertigartikels produzieren, wird die Kostenstelle KS1 entlastet. Aber wo kommen nun die Kosten her?

Dazu benötigen wir einen Preis pro Arbeitsstunde (die Arbeitsstunde ist hier gleich der Leistungsart *999*), der mit der Anzahl an benötigten Stunden zur Herstellung eines Stücks unseres Verkaufsprodukts multipliziert wird. Diesen Preis, den bereits angesprochenen *Tarif*, müssen wir für die Kombination »Kostenstelle und Leistungsart« in der Tarifplanung hinterlegen, wie Abbildung 2.23 zeigt.

Abbildung 2.23: Tarifplanung

Die Tarifplanung führen wir mit der Transaktion *KP26* durch. Anzeigen lassen können wir uns die Tarifplanung mit der Transaktion *KP27*.

Alternativ kann die folgende App verwendet werden:

Tarifermittlung

Den Tarif ermittelt man normalerweise im Rahmen der jährlichen Budgetplanung. Hier legt man fest, was eine Kostenstelle in einer Periode zu leisten vermag, wie viele Personalstunden sie also abgibt, um Fertigprodukte herzustellen. Die gesamten Kosten dieser Kostenstelle dividiert man durch die verwendeten Stunden und erhält dann den Tarif, der alle Kosten der Kostenstelle auf die einzelnen Produkte während einer Periode verrechnet.

Die Kombination der Informationen aus »Arbeitsplatz«, »Arbeitsplan« und »Tarifplanung« ergeben zusammengefasst die Kosten der »Fertigung Personal«:

```
100 (Personal-)Stunden vom Arbeitsplatz PROD. laut
Arbeitsplan * 5 EUR pro Personalstunde aus der Tarifplanung
Kostenstelle KS1/Leistungsart 999 = 500 EUR »Fertigung
Personal«
```

Kostenelement »Fertigungsgemeinkosten«

Zu guter Letzt beschäftigen wir uns nun mit dem Kostenelement *Fertigungsgemeinkosten* aus unserer Materialkalkulation (vgl. Abbildung 2.10). Dieses berechnen wir, wie schon beim Materialgemeinkostenzuschlag, über einen prozentualen, im Kalkulationsschema hinterlegten Zuschlag.

Der Fertigungsgemeinkostenzuschlagssatz ergibt sich aus dem Quotienten aus Fertigungsgemeinkosten (im Zähler) und Fertigungseinzelkosten (im Nenner).

Da wir das Kalkulationsschema bereits beschrieben haben, gehen wir nur kurz auf die spezifischen Einstellungen für den Fertigungsgemeinkostenzuschlag ein (siehe Abbildung 2.24).

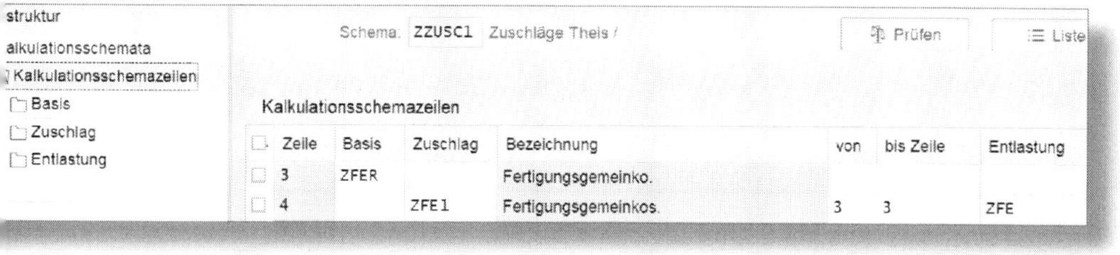

Zeile	Basis	Zuschlag	Bezeichnung	von	bis Zeile	Entlastung
3	ZFER		Fertigungsgemeinko.			
4		ZFE1	Fertigungsgemeinkos.	3	3	ZFE

Abbildung 2.24: Kalkulationsschema FGK

Basis (siehe Abbildung 2.25):

Als Basis haben wir unser Personalstundenverrechnungskonto *94311000* (Personal Stunden) definiert.

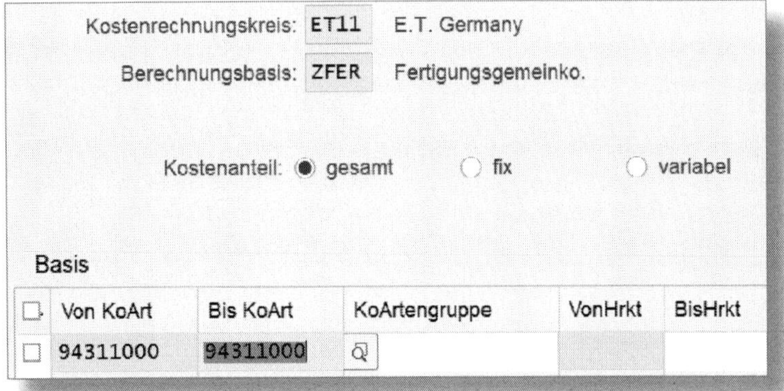

Abbildung 2.25: Basis für Fertigungsgemeinkostenzuschlag

Zuschlag (siehe Abbildung 2.26):

Den Zuschlag haben wir auf *20,00 %* festgesetzt.

Zuschlag: ZFE1 Fertigungsgemeinkos.
Abhängigkeit: D000 Zuschlagsart

Zuschlag

Gültig ab	bis	KoRechKrs	ZuschlArt	Prozent	Einheit
01.04.2019	31.12.2099	ET11	1	20,000	%
01.04.2019	31.12.2099	ET11	2	20,000	%

Abbildung 2.26: Fertigungsgemeinkostenzuschlagssatz

Entlastung (siehe Abbildung 2.27):

Als Entlastungskostenstelle haben wir die Kostenstelle *KS4* (Produktionsleitung) definiert. Als Zuschlagskostenart verwenden wir die Kostenart *94112000* (Zuschlag Fertigung).

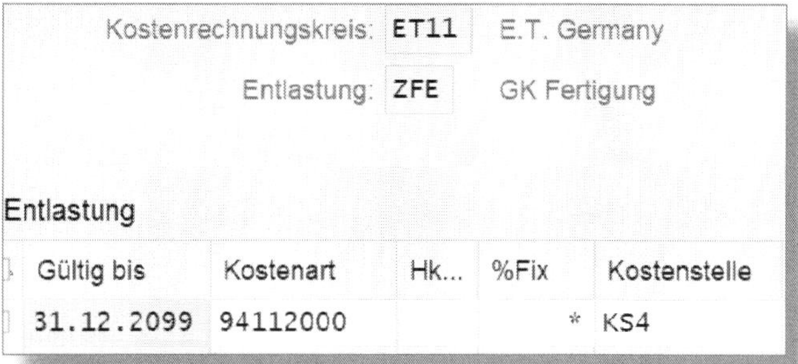

Kostenrechnungskreis:	ET11	E.T. Germany
Entlastung:	ZFE	GK Fertigung

Entlastung

Gültig bis	Kostenart	Hk...	%Fix	Kostenstelle
31.12.2099	94112000		*	KS4

Abbildung 2.27: Entlastung Fertigungsgemeinkosten

Somit ergeben sich folgende Fertigungsgemeinkosten bei der Kalkulation unseres VerkaufsProdukts »FERT1«:

Basis »Fertigung Personal« **500 EUR** (im vorherigen Abschnitt ermittelt) * Zuschlagssatz **20 % = 100 EUR** Fertigungsgemeinkosten

Damit haben wir alle vier Kostenelemente unserer Materialkalkulation erklärt.

Wenn Sie diese Materialkalkulation sichern, erhält sie den Status KA für »kalkuliert«. Sobald Sie mit der Transaktion *CK24* die Kalkulation vormerken, werden Sie den kalkulierten Wert in Höhe von 1.650 EUR im zukünftigen Planpreis wiederfinden. Gehen Sie noch einen Schritt weiter und geben die vorgemerkte Kalkulation frei, wird der laufende Planpreis Ihres Produkts gefüllt.

Freigabe Materialkalkulation

Seien Sie vorsichtig! Mit der Freigabe der Kalkulation schreiben Sie auch den Standardpreis (S-Preis) in der Sicht Buchhaltung 1 fort. Dieser Preis wird zur Bewertung Ihres Bestandes herangezogen, den Sie von Ihrem Verkaufsprodukt auf Lager haben. Sie bewerten also gleichzeitig den Bestand Ihres Produkts neu und buchen diesen Bestandswert automatisch in der Bilanz und GuV. Wenn Sie eine Materialkalkulation freigeben, sollten Sie sich immer bewusst sein, dass Sie den Lagerbestand Ihres Produkts neu bewerten. Je nachdem, wie groß dieser ist, kann dies zu erheblichen Bestandsveränderungsbuchungen führen, wenn Ihre Materialkalkulation von der vorherigen abweicht.

In unserem Beispiel haben wir uns aber getraut (siehe Abbildung 2.28), die Materialkalkulation für unser Fertigprodukt *FERT1* in das Feld Standardpreis unseres Materials zu schreiben (wir haben schließlich noch nichts davon auf Lager).

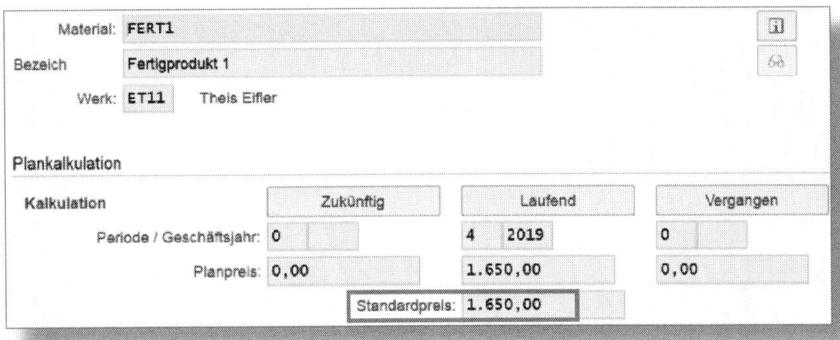

Abbildung 2.28: Standardpreis FERT1

Somit haben wir alle Voraussetzungen geschaffen, um unseren logistischen Verkaufs- und Produktionsprozess durchspielen zu können. Dieser besteht aus den folgenden Prozessschritten:

1. Kundenauftrag,
2. Fertigungsauftrag,
3. Lieferung inkl. Warenausgang zum Kunden,
4. Faktura,

5. Umlage CO-PA,
6. Ware in Arbeit (WIP).

Diese sechs Prozessschritte werden in den nächsten Kapiteln im Einzelnen beleuchtet.

3 Der Kundenauftrag

Setzen wir einmal voraus, unser konkurrenzfähiges Produkt ist am Markt bekannt und erfreut sich einer gewissen Nachfrage. Womit erfolgt nun in einem logistischen Verkaufs- und Produktionsprozess der Start des betriebswirtschaftlichen Ablaufs? Richtig: Aufgrund einer Anfrage, einem Angebot und einer eventuellen Verkaufsverhandlung platziert der Kunde einen *Kundenauftrag*, den wir in unserem SAP-S/4HANA-System erfassen und abwickeln wollen.

Was passiert dabei alles in einem integrierten System? Der Kundenauftrag wird zunächst einmal im SAP-Modul Sales and Distribution (SD) bearbeitet. Es dient dem hauptsächlichen Ziel, einen Kundenauftrag im SAP-System zu erstellen, ihn ggf. auszudrucken und eine Auftragsbestätigung an den Kunden zu senden. Daneben finden aber noch weitere interessante Aspekte statt, die für das Rechnungswesen nicht ohne Bedeutung sind: Zum einen erfolgt eine *Preiskalkulation* des zu verkaufenden Produkts, weiterhin lassen sich mit der Sicherung des Kundenauftrags Einzelposten in die Ergebnisrechnung (CO-PA) schreiben, die wir für ein *Kundenauftragscontrolling* verwenden können.

Im SAP-ERP-System gilt: **Der Kundenauftrag löst noch keine Buchungen in der Bilanz oder in der Gewinn- und Verlustrechnung (GuV) aus!**

Unter S/4HANA können wir diese Aussage nicht ohne Weiteres so stehen lassen: Mit der Sicherung des Kundenauftrags erzeugen wir auch Buchungen in der Tabelle ACDOCA! Diese Buchungen werden aber nicht im Standard-Ledger 0L fortgeschrieben, sondern einem eigenen Prediction Ledger (Vorhersage-Ledger) zugeordnet, sodass es uns (seit dem Releasestand 1809) möglich ist, in diesem Kapitel Kundenauftragseingänge auch unter S/4HANA zu zeigen.

Mit dem Kundenauftrag werden bereits wichtige Weichenstellungen für die spätere Verbuchung der Faktura im Finanzwesen (FI) und Controlling (CO) getroffen. Wir wollen daher in diesem Kapitel folgende Schwerpunkte ansprechen:

- Wie findet das SAP-System die für den Kundenauftrag relevanten Preise und Konditionen, und wie folgt daraus eine Preiskalkulation?
- Liegen die Zeitpunkte des Kundenauftragseingangs und der späteren Rechnungsstellung weit auseinander? Die Beantwortung dieser Frage hat Einfluss darauf, ob wir Kundenauftragsdaten bereits in die kalkulatorische Ergebnisrechnung übertragen oder erst mit der Faktura an die Ergebnisrechnung übermitteln wollen.
- Wollen wir Erlöse und Kosten auf unseren Kundenaufträgen sammeln, um sie dann später z. B. an die Ergebnisrechnung abzurechnen, oder übergeben wir die Erlöse, Rabatte und Boni sowie die kalkulatorischen Material- und Fertigungskosten direkt in die kalkulatorische Ergebnisrechnung?
- Wie werden Kundenauftragseingänge unter S/4HANA abgebildet?

Die Schnittstelle des Moduls SD ist mit die wesentlichste, um Daten an die Ergebnisrechnung (CO-PA) zu übertragen. Dies verwundert nicht, da das CO-PA als Vertriebscontrollingtool konzipiert wurde, um Kundenauftragsdaten und später dann auch die entsprechenden Fakturadaten in die Ergebnisrechnung zu übernehmen.

Doch nicht jedes Unternehmen übernimmt Kundenauftragsdaten in seine Ergebnisrechnung; viele lassen nur Fakturadaten aus SD in CO-PA einfließen. Für Unternehmen, bei denen die Zeitpunkte des Kundenauftragseingangs und der Rechnungsstellung einige Zeit auseinanderliegen, empfiehlt sich aber auch das Übertragen der Kundenauftragsdaten.

Zwei Argumente sprechen dafür: Zum einen können Sie schon am Auftragseingang erkennen, wie sich die betriebswirtschaftliche Lage Ihres Unternehmens entwickeln wird, und zum anderen können Sie die Kundenauftragsdaten dazu nutzen, ein *Auftragsbestandsreporting* in der Ergebnisrechnung aufzubauen. Dieses Reporting können Sie sowohl in der kalkulatorischen als auch in der buchhalterischen Form abbilden. Wenn Sie später ebenfalls die Fakturadaten übernommen haben, können Sie aus der Subtraktion von Kundenauftrags- und Fakturadaten einen Auftragsbestand im Berichtswesen des CO-PA berichten – und das auf allen Merkmalen, die Sie mit dem Kundenauftrag oder der Faktura an die Ergebnisrechnung mitgeben.

Wenn Sie das Customizing für Ihre Kundenaufträge so steuern, dass diese keine Sammler von Erlösen und Kosten sind, haben Sie sogar die Möglichkeit, später Ihre Fakturadaten in Echtzeit an die Ergebnisrechnung zu übergeben. Im anderen Fall würde die Faktura die Daten erst an den Kundenauftrag zurückspielen, und dieser müsste wiederum an die Ergebnisrechnung abgerechnet werden. Je nachdem, wie oft Sie eine derartige Abrechnung vornehmen, kann dies möglicherweise wesentliche Erkenntnisse im Vertriebscontrolling verzögern, weil die erforderlichen Informationen zu spät bereitgestellt wurden.

3.1 Kundenauftrag anlegen

Wir erfassen nun einen Kundenauftrag im Modul SD des SAP-Systems mithilfe der Transaktion *VA01*. Dazu geben Sie eine *Verkaufsbelegart* sowie einen *Vertriebsbereich* ein und bestätigen. Ein Vertriebsbereich im SD besteht immer aus drei organisatorischen Merkmalen: Verkaufsorganisation, Vertriebsweg und Sparte. In unserem Beispielsystem benutzen wir die Verkaufsbelegart (Auftragsart) *KA* sowie die Verkaufsorganisation *ET15*, den Vertriebsweg *01* und die Sparte *00* (siehe Abbildung 3.1).

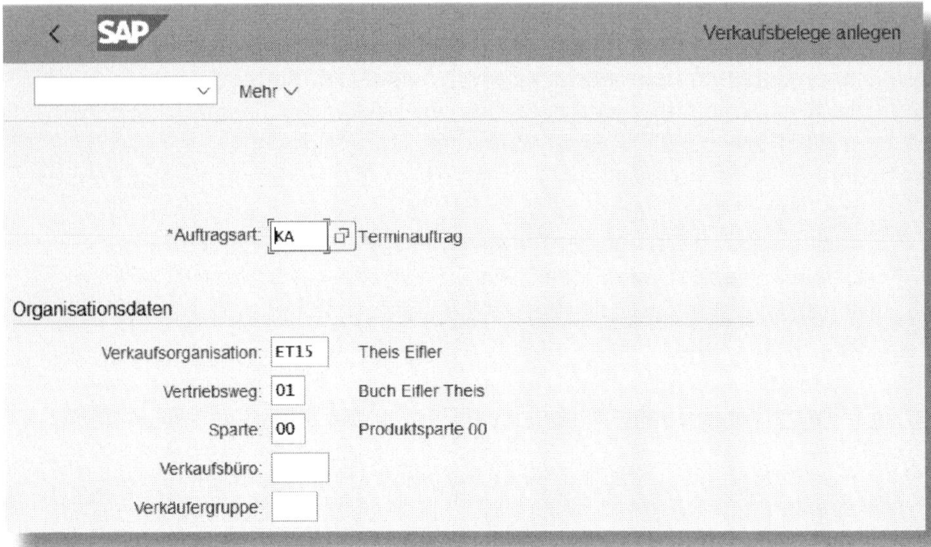

Abbildung 3.1: Einstieg Kundenauftrag anlegen

Wenn Sie lieber über die Fiori-App gehen, rufen Sie folgende Kachel auf:

Wir erfassen für unseren Kunden *K1* einen Auftrag, über den er ein Stück unseres Verkaufsprodukts *FERT1* geordert hat. Abbildung 3.2 zeigt eine Übersicht mit den dazugehörigen Details.

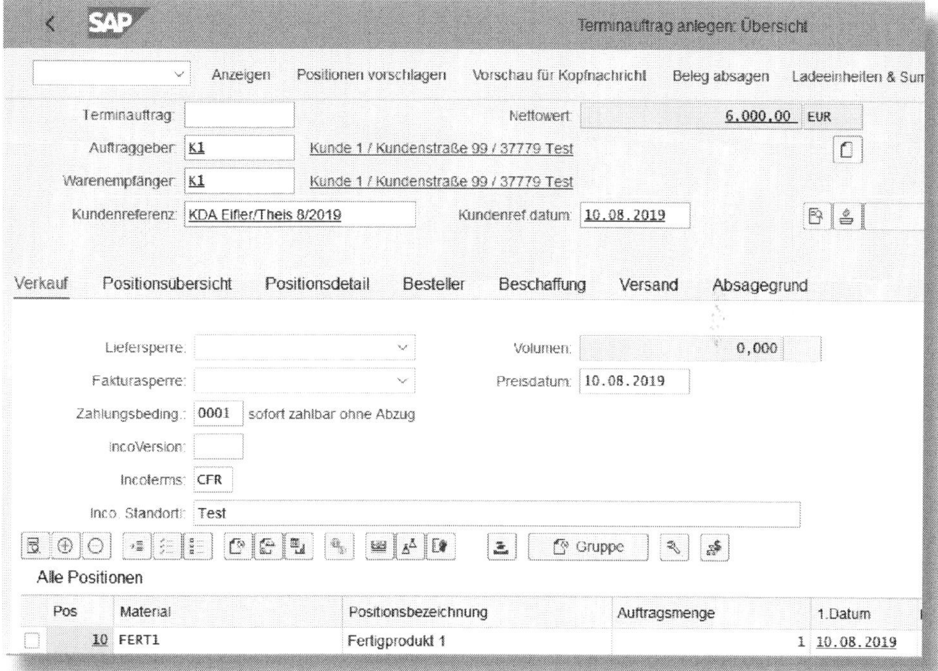

Abbildung 3.2: Übersicht Anlage Kundenauftrag

In der rechten oberen Ecke sehen Sie als NETTOWERT *6.000 EUR*. Woher hat das System diesen Wert? Über den Reiter KONDITIONEN der Auftragsposition (siehe Abbildung 3.3) finden wir weitere Informationen, wie sich dieser Nettowert errechnet.

Abbildung 3.3: Konditionen der Kundenauftragsposition

3.2 SD-Preisfindung

Im Rahmen der Preisfindung wurden ein **Bruttolistenpreis** (Konditionsart *PR00*) in Höhe von *7.500 EUR* (siehe Abbildung 3.4) und ein **Kundenrabatt** (*KA00*) in Höhe von *20,00 %* (entspricht 1.500 EUR) (siehe Abbildung 3.5) ermittelt, sodass ein Fakturaumsatz in Höhe von *6.000 EUR* zustande kommt.

Diese Preisfindung ist im SD-Customizing hinterlegt, die Preise und andere Konditionen sind in den Stammdaten des SD zu finden. Sie werden über die Transaktion *VK11* erstellt.

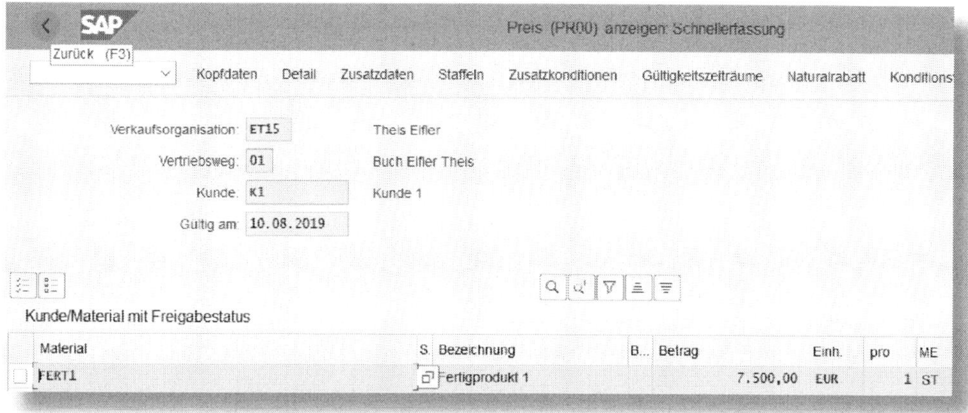

Abbildung 3.4: Bruttolistenpreis PR00

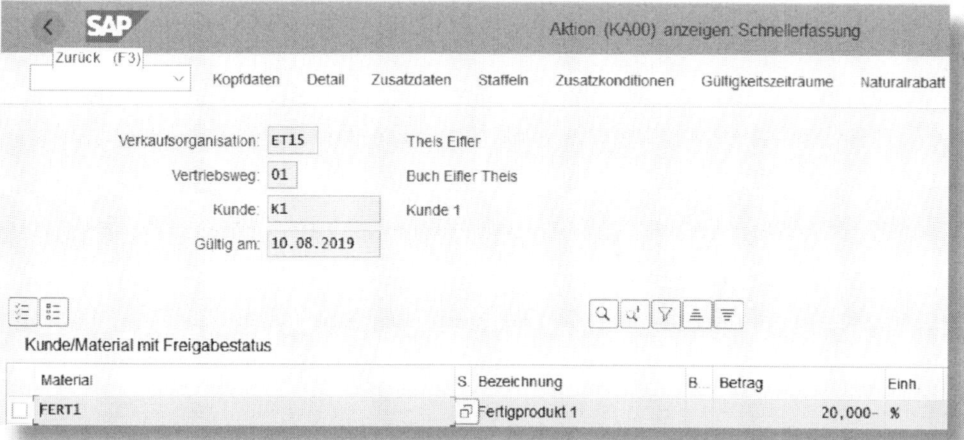

Abbildung 3.5: Kundenrabattkondition KA00

Weitere Informationen zur Preisfindung

Sollte Sie das Thema »Preisfindung« im Detail interessieren, empfehlen wir das Buch »Preisfindung und Konditionstechnik in SAP® S/4HANA« von Ilona Bauer (Espresso Tutorials, 2. erweiterte Auflage 2020).

3.3 Schnittstelle zum buchhalterischen CO-PA unter S/4HANA

Was ist alles nötig, um unter S/4HANA Kundenauftragseingänge anzuzeigen?

In der buchhalterischen Ergebnisrechnung sehen Sie grundsätzlich nur Werte, die tatsächlich gebucht werden. Dies ist ein großer Unterschied zur kalkulatorischen Ergebnisrechnung. Sie stellt auch kalkulatorische Werte dar, die nicht gebucht werden (also nicht unbedingt in der Bilanz oder GuV eines Unternehmens erscheinen). Da Kundenauftragseingangsdaten in keiner Bilanz oder GuV vorkommen, war es im bisherigen SAP ERP nur möglich, diese Daten in der kalkulatorischen und nicht in der buchhalterischen Ergebnisrechnung zu zeigen. Diese Option hat die SAP nun mit dem Releasestand 1809 von S/4HANA geschaffen, und wir zeigen Ihnen in diesem Abschnitt, was Sie dafür tun müssen, die Daten dort auszuweisen.

Für die Darstellung der Kundenauftragseingänge im Rahmen der buchhalterischen Ergebnisrechnung unter S4/HANA bedient sich die SAP der Ledgertechnik, die im Finanzwesen bereits einige Zeit angewendet wird. Insbesondere das *Predictive Accounting* kommt dabei zum Einsatz, das seit dem Release 1709 in S4/HANA verfügbar ist.

Wie bereits in Kapitel 1 dieses Buches erwähnt, wurden mit der Aktivierung der buchhalterischen Ergebnisrechnung für die Merkmale der Ergebnisrechnung im Universal Journal, also der Tabelle ACDOCA, zusätzliche Spalten aufgenommen. Die Daten der buchhalterischen Ergebnisrechnung werden daher in Echtzeit im Universal Journal abgespeichert – und zwar insbesondere Daten des Kundenauftragseingangs, die mithilfe eines Vorhersage-Ledgers in diese Tabelle übernommen werden. »Tatsächlich« gebuchte Beträge wie Bestandsveränderungen oder Umsatzbuchungen können zusätzlich in den Einzelposten der buchhalterischen Ergebnisrechnung dargestellt werden.

Um nun Kundenauftragsdaten in das Universal Journal aufzunehmen, ist es zunächst notwendig, ein zusätzliches (Prediction) Ledger zu definieren. Dazu gehen Sie ins Customizing Ihres S/4HANA-Systems über die *SPRO* und dann Finanzwesen • Grundeinstellungen Finanzwesen • Bücher • Ledger • Einstellungen für Ledger und Währungstypen definieren (oder Sie verwenden die Transaktion *FINSC_LEDGER*). Wir haben für unser Beispiel das Ledger *ZE* angelegt, das als *Erweiterungsledger* mit der Erweiterungsledgerart *Vorhersage und Obligo* erstellt wurde. Das Ledger *0L* ist dabei führend. Dadurch ist es später möglich, Kundenauftragsdaten im Ledger ZE und Istdaten aus dem führenden Ledger 0L zusammenzuführen (siehe Abbildung 3.6).

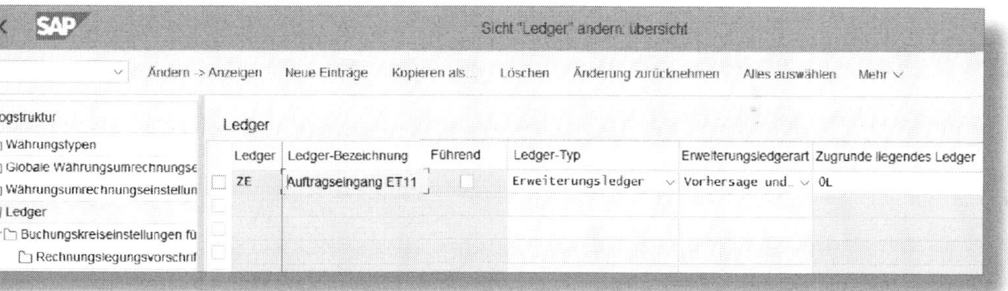

Abbildung 3.6: Prediction Ledger ZE

Dem Ledger *ZE* sind unser Buchungskreis *ET11* (siehe Abbildung 3.7) sowie die Rechnungslegungsvorschrift *IFRS*, die auch für das führende Ledger 0L vorgesehen ist, zugeordnet (siehe Abbildung 3.8).

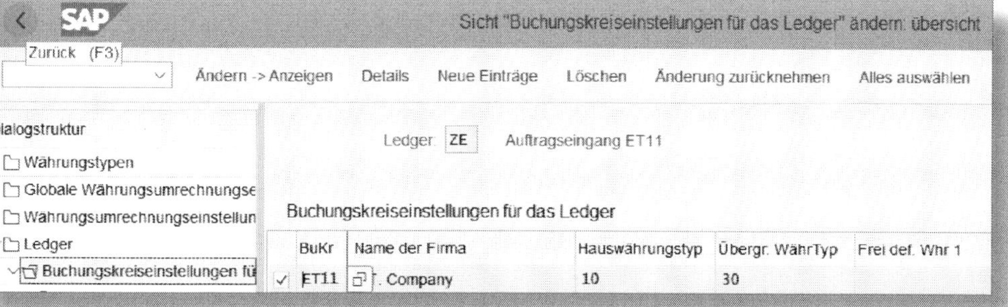

Abbildung 3.7: Zuordnung Buchungskreis ET11 zu Ledger ZE

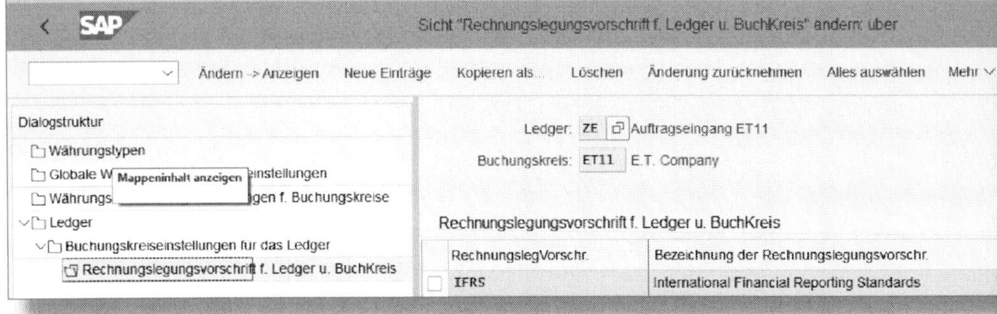

Abbildung 3.8: Zuordnung Rechnungslegungsvorschrift IFRS zu Ledger ZE

Normalerweise wird mit dem Anlegen des Prediction Ledgers ZE automatisch eine gleichnamige Ledgergruppe ZE angelegt. Ledgergruppen dienen dazu, Funktionen und Prozesse der Hauptbuchhaltung für eine gemeinsame Verarbeitung zusammenzufassen. Wir wollen aber nur über unser neues Ledger Kundenauftragseingänge sehen, daher ordnen wir der neuen Ledgergruppe auch kein anderes als das Ledger *ZE* zu (siehe Abbildung 3.9).

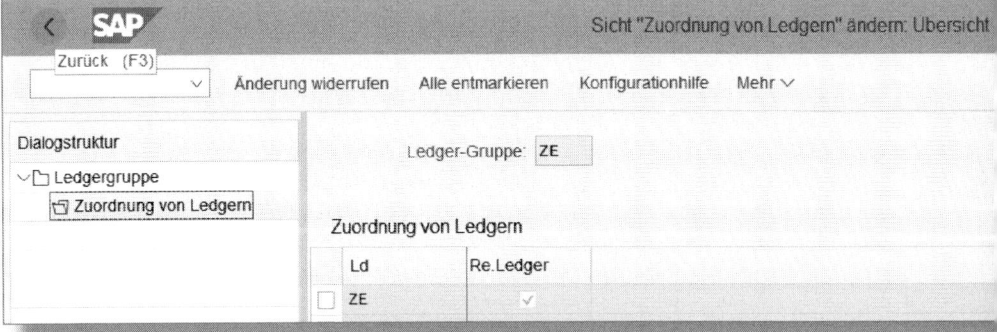

Abbildung 3.9: Zuordnung Ledger ZE zu Ledgergruppe ZE

Nun müssen Sie noch das Predictive Accounting für die Kundenauftragseingänge aktivieren. Dieser Schritt erfolgt im Customizing Ihres S/4HANA-Systems über folgenden Pfad: Controlling • Ergebnis-

UND MARKTSEGMENTRECHNUNG • WERTEFLÜSSE IM IST • KUNDENAUFTRAGSEINGÄNGE ÜBERNEHMEN • PREDICTIVE ACCOUNTING FÜR KUNDENAUFTRAGSEINGÄNGE AKTIVIEREN. Dabei wird unser Kostenrechnungskreis *ET11* für KUNDENAUFTRAGSEINGÄNGE aktiv geschaltet, indem wir die Option *Aktiv mit Erfassungsdatum* wählen (siehe Abbildung 3.10).

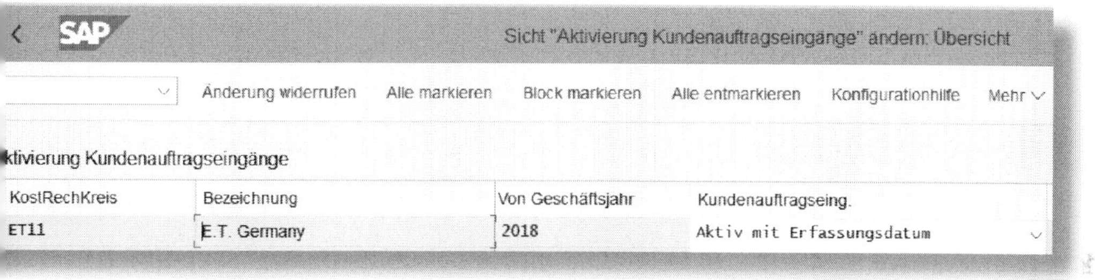

SAP Sicht "Aktivierung Kundenauftragseingänge" ändern: Übersicht

Änderung widerrufen Alle markieren Block markieren Alle entmarkieren Konfigurationhilfe Mehr

ktivierung Kundenauftragseingänge

KostRechKreis	Bezeichnung	Von Geschäftsjahr	Kundenauftragseing.
ET11	E.T. Germany	2018	Aktiv mit Erfassungsdatum

Abbildung 3.10: Aktivierung Predictive Accounting für Kundenauftragseingänge

In weiteren Schritten müssen Sie nun drei Tabellen direkt über *SM30* (Tabellensicht-Pflege) pflegen. Das ist leider kein separater Customizingschritt, muss aber gemacht werden, damit Sie hinterher tatsächlich Kundenauftragseingänge sehen:

1. **Tabelle FINSV_PRED_RLDNR** – Sicht LEDGER FÜR PREDICTIVE ACCOUNTING (siehe Abbildung 3.11):
   Durch diesen Eintrag teilen Sie dem System mit, wie Ihr neues Ledger für das Predictive Accounting heißen soll.

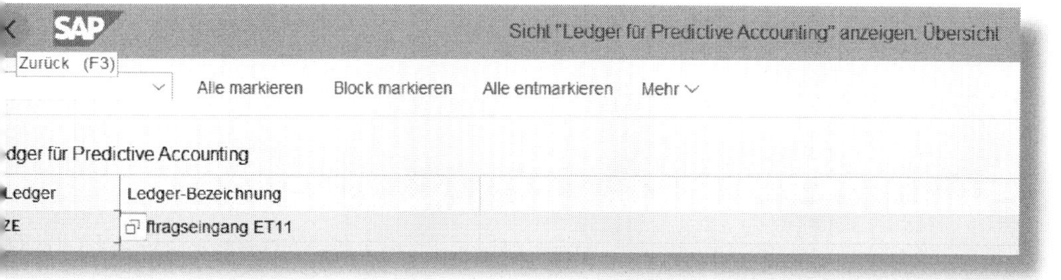

SAP Sicht "Ledger für Predictive Accounting" anzeigen: Übersicht

Zurück (F3)

Alle markieren Block markieren Alle entmarkieren Mehr

dger für Predictive Accounting

Ledger	Ledger-Bezeichnung
ZE	ftragseingang ET11

Abbildung 3.11: Tabellenpflegesicht »Ledger für Predictive Accounting«

2. **Tabelle FINSV_PRED_FKART** – Zuordnung von Fakturaart für Predictive Accounting (siehe Abbildung 3.12):
   In diese Tabelle müssen Sie alle Verkaufsbeleg- und Fakturaarten aufnehmen, die bei Ihnen im Rahmen der Kundenauftragserfassung im SD vorkommen. Für unser Beispiel sind es lediglich die Verkaufsbelegart *KA* und die Fakturaart *F2*.

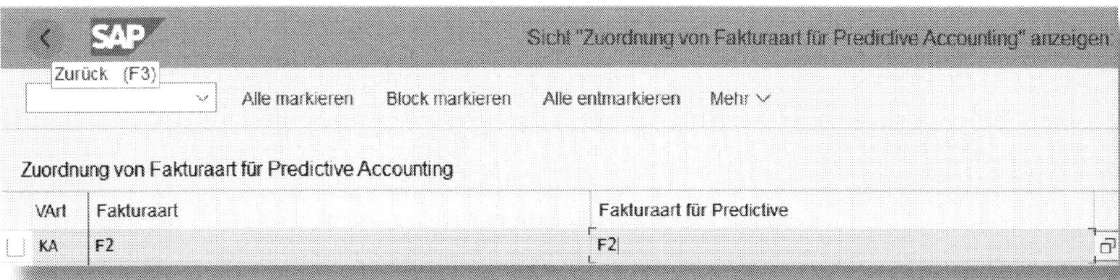

Abbildung 3.12: Tabellenpflegesicht »Zuordnung Fakturaart für Predictive Accounting«

3. **Tabelle FINSV_PRED_FKREL** – Zuordnung auftragsbezogener Fakturarelevanz für Predictive Accounting (siehe Abbildung 3.13):
   Durch das Befüllen der Tabelle mittels SM30 werden Positionstypen, die Sie in Ihren Kundenaufträgen verwenden, als relevant für das Predictive Accounting gekennzeichnet.

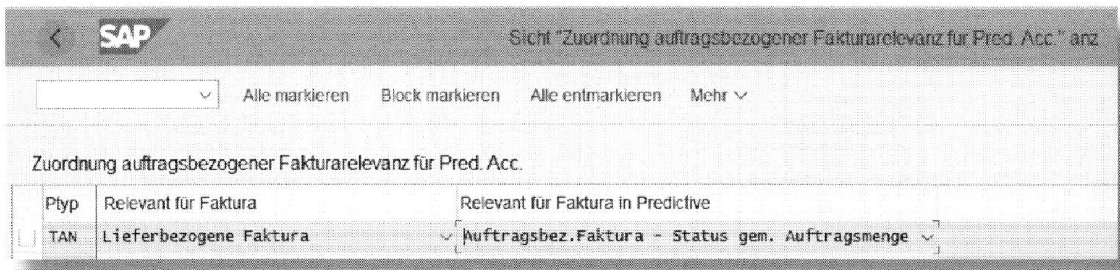

Abbildung 3.13: Tabellenpflegesicht »Zuordnung auftragsbezogener Fakturarelevanz für Pred. Acc.«

Fast geschafft! Damit Fiori-Apps nun auf die Kundenauftragsdaten zugreifen können, müssen Sie die Sachkonten, die Sie in unserem Beispielvorgang bebuchen, sogenannten *semantischen Tags* zuordnen. Wir wollen die Fiori-Apps »Kundenauftragseingang – Predictive Accounting« und »Bruttomarge Vermutet/Ist« verwenden. Diese Apps benötigen eigene semantische Tags, die Sie im Customizing der Hauptbuchhaltung über folgenden Pfad zuordnen müssen:

Finanzwesen • Hauptbuchhaltung • Stammdaten • Sachkonten • Semantische Tags für Bilanz-/GuV-Strukturen • Semantische Tags zu Bilanz-/GuV-Strukturen zuordnen.

Wir haben in unserer Bilanz- und GuV-Struktur dazu die in Abbildung 3.14 aufgelisteten semantischen Tags gepflegt.

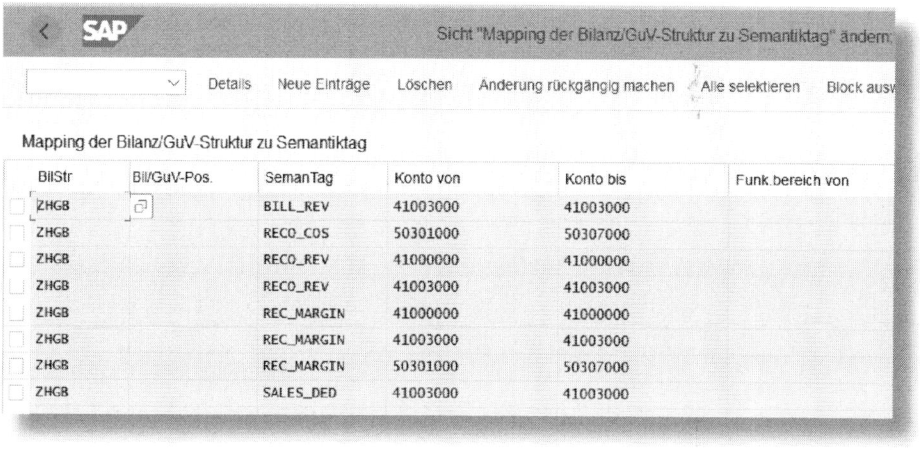

SAP Sicht "Mapping der Bilanz/GuV-Struktur zu Semantiktag" ändern

Details Neue Einträge Löschen Änderung rückgängig machen Alle selektieren Block ausw

Mapping der Bilanz/GuV-Struktur zu Semantiktag

BilStr	Bil/GuV-Pos.	SemanTag	Konto von	Konto bis	Funk.bereich von
ZHGB		BILL_REV	41003000	41003000	
ZHGB		RECO_COS	50301000	50307000	
ZHGB		RECO_REV	41000000	41000000	
ZHGB		RECO_REV	41003000	41003000	
ZHGB		REC_MARGIN	41000000	41000000	
ZHGB		REC_MARGIN	41003000	41003000	
ZHGB		REC_MARGIN	50301000	50307000	
ZHGB		SALES_DED	41003000	41003000	

Abbildung 3.14: Zuordnung semantische Tags

Nun wollen wir aber endlich einige Kundenauftragseingänge sehen! Wir werden Ihnen jetzt drei Stellen zeigen, an denen Sie sie betrachten bzw. auswerten können:

1. Tabelle ACDOCA

Wie bereits erläutert, werden alle Kundenauftragseingänge in die Tabelle ACDOCA geschrieben, sobald sie gespeichert werden. Diese Einträge werden in der Tabelle ACDOCA in unserem Vorhersage-Ledger (Prediction Ledger) ZE abgelegt, sodass sie als Kundenauftragseingänge separat ausgelesen werden können. Mit dieser Ledgerlogik wäre es in Auswertungen oder Apps möglich, zu den Istdaten (Ledger 0L) die Kundenauftragseingänge hinzuzuselektieren, um eine Vorhersage nicht nur der ausstehenden Aufträge, sondern auch des erwarteten Gesamtergebnisses inklusive der auf entsprechenden Merkmalen bereits gebuchten Ist-Daten zu erhalten. Abbildung 3.15 zeigt die Tabelle *ACDOCA* mit den Eingangsdaten unseres Kundenauftrags. Viele Merkmale sind zu diesem Zeitpunkt bereits aus dem Kundenauftrag abgeleitet und können ausgewertet werden, wie etwa die Produkthierarchie, um nur ein Beispiel zu nennen.

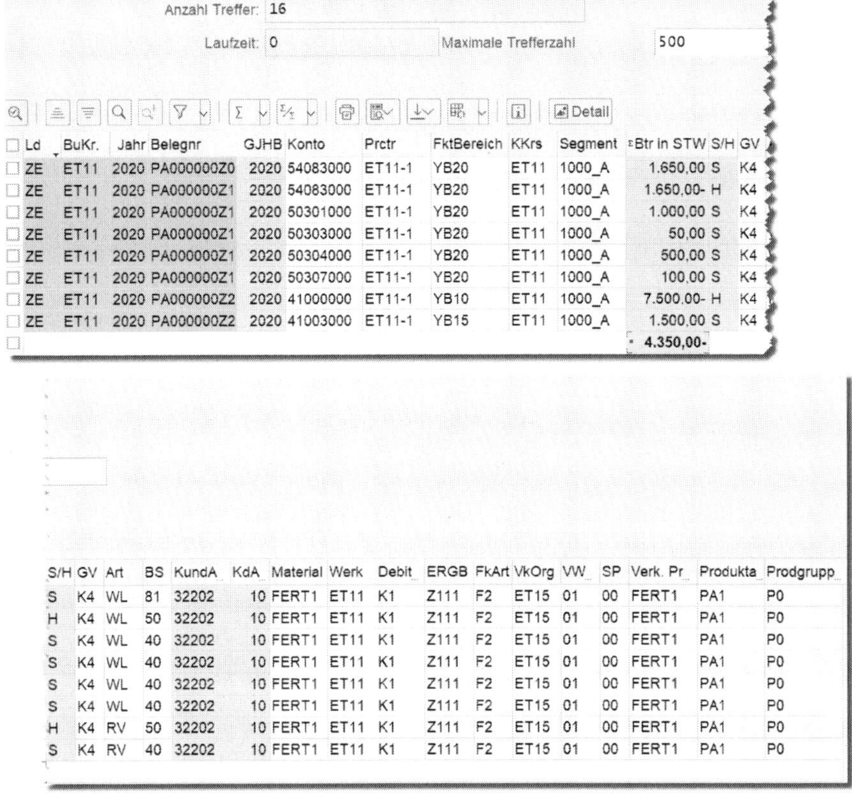

Zu durchsuchende Tabelle: ACDOCA
Anzahl Treffer: 16
Laufzeit: 0 Maximale Trefferzahl 500

Detail

Ld	BuKr.	Jahr	Belegnr	GJHB	Konto	Prctr	FktBereich	KKrs	Segment	ΣBtr in STW	S/H	GV
ZE	ET11	2020	PA000000Z0	2020	54083000	ET11-1	YB20	ET11	1000_A	1.650,00	S	K4
ZE	ET11	2020	PA000000Z1	2020	54083000	ET11-1	YB20	ET11	1000_A	1.650,00-	H	K4
ZE	ET11	2020	PA000000Z1	2020	50301000	ET11-1	YB20	ET11	1000_A	1.000,00	S	K4
ZE	ET11	2020	PA000000Z1	2020	50303000	ET11-1	YB20	ET11	1000_A	50,00	S	K4
ZE	ET11	2020	PA000000Z1	2020	50304000	ET11-1	YB20	ET11	1000_A	500,00	S	K4
ZE	ET11	2020	PA000000Z1	2020	50307000	ET11-1	YB20	ET11	1000_A	100,00	S	K4
ZE	ET11	2020	PA000000Z2	2020	41000000	ET11-1	YB10	ET11	1000_A	7.500,00-	H	K4
ZE	ET11	2020	PA000000Z2	2020	41003000	ET11-1	YB15	ET11	1000_A	1.500,00	S	K4
										4.350,00-		

S/H	GV	Art	BS	KundA	KdA	Material	Werk	Debit	ERGB	FkArt	VkOrg	VW	SP	Verk. Pr	Produkta	Prodgrupp
S	K4	WL	81	32202	10	FERT1	ET11	K1	Z111	F2	ET15	01	00	FERT1	PA1	P0
H	K4	WL	50	32202	10	FERT1	ET11	K1	Z111	F2	ET15	01	00	FERT1	PA1	P0
S	K4	WL	40	32202	10	FERT1	ET11	K1	Z111	F2	ET15	01	00	FERT1	PA1	P0
S	K4	WL	40	32202	10	FERT1	ET11	K1	Z111	F2	ET15	01	00	FERT1	PA1	P0
S	K4	WL	40	32202	10	FERT1	ET11	K1	Z111	F2	ET15	01	00	FERT1	PA1	P0
S	K4	WL	40	32202	10	FERT1	ET11	K1	Z111	F2	ET15	01	00	FERT1	PA1	P0
H	K4	RV	50	32202	10	FERT1	ET11	K1	Z111	F2	ET15	01	00	FERT1	PA1	P0
S	K4	RV	40	32202	10	FERT1	ET11	K1	Z111	F2	ET15	01	00	FERT1	PA1	P0

Abbildung 3.15: Kundenauftragseingänge ACDOCA

2. App »Kundenauftragseingang – Predictive Accounting«

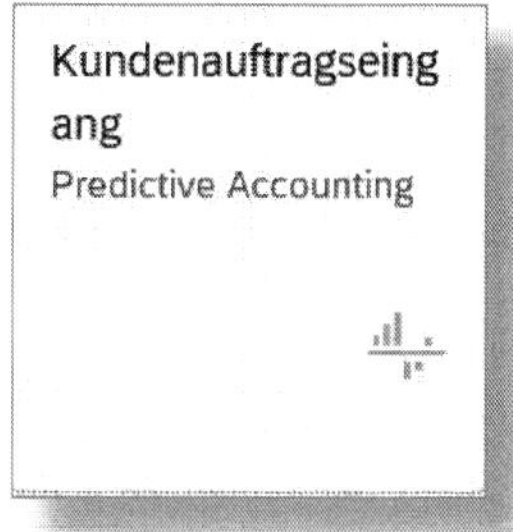

Mit dieser App können Sie die Kundenauftragseingänge ohne Umweg über die Tabelle ACDOCA direkt auswerten.

Das Ergebnis dieser Auswertung unseres Kundenauftrags sehen Sie in Abbildung 3.16.

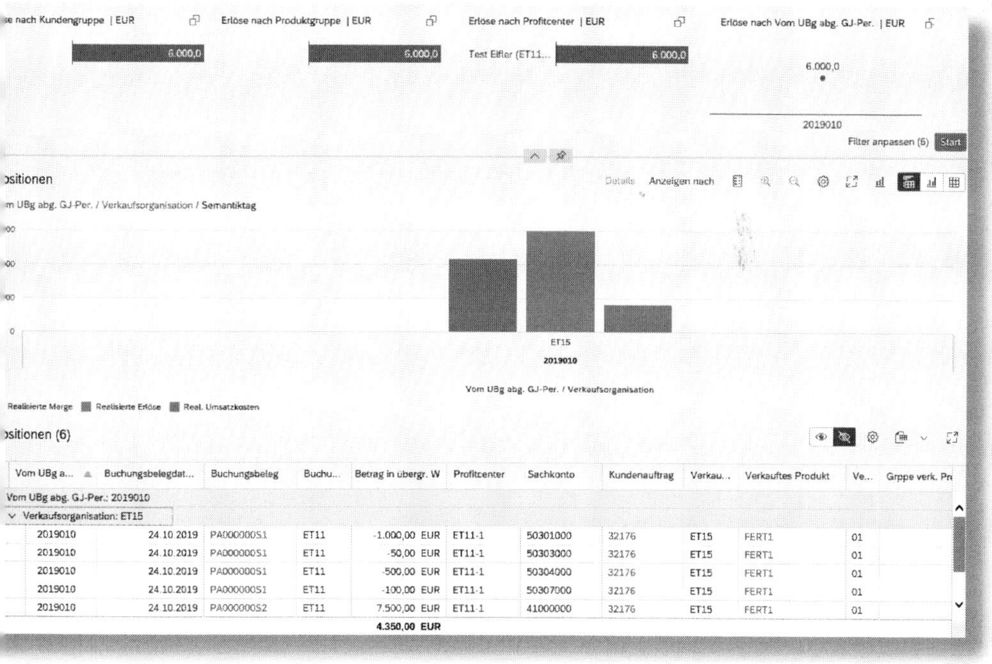

Vom UBg a...	Buchungsbelegdat...	Buchungsbeleg	Buchu...	Betrag in übergr. W	Profitcenter	Sachkonto	Kundenauftrag	Verkau...	Verkauftes Produkt	Ve...	Grppe verk. Pr
Vom UBg abg. GJ-Per.: 2019010											
Verkaufsorganisation: ET15											
2019010	24.10.2019	PA00000051	ET11	-1.000,00 EUR	ET11-1	50301000	32176	ET15	FERT1	01	
2019010	24.10.2019	PA00000051	ET11	-50,00 EUR	ET11-1	50303000	32176	ET15	FERT1	01	
2019010	24.10.2019	PA00000051	ET11	-500,00 EUR	ET11-1	50304000	32176	ET15	FERT1	01	
2019010	24.10.2019	PA00000051	ET11	-100,00 EUR	ET11-1	50307000	32176	ET15	FERT1	01	
2019010	24.10.2019	PA00000052	ET11	7.500,00 EUR	ET11-1	41000000	32176	ET15	FERT1	01	
				4.350,00 EUR							

Abbildung 3.16: App »Kundenauftragseingang – Predictive Accounting«

Diese App zeigt Ihnen den Umsatz und die Kosten des Umsatzes für den Auftragseingang sowie die daraus für unseren Kundenauftrag resultierende Marge. Für unser Beispiel haben wir zum besseren Verständnis nur einen Kundenauftrag selektiert.

3. App »Bruttomarge – Vermutet/Ist«

Diese App geht noch einen Schritt weiter als die vorherige und kombiniert die Ist-Zahlen aus dem Ledger 0L mit den Zahlen des Vorhersage-Ledgers ZE. Abbildung 3.17 zeigt das entsprechende Ergebnis für mehrere Kundenaufträge.

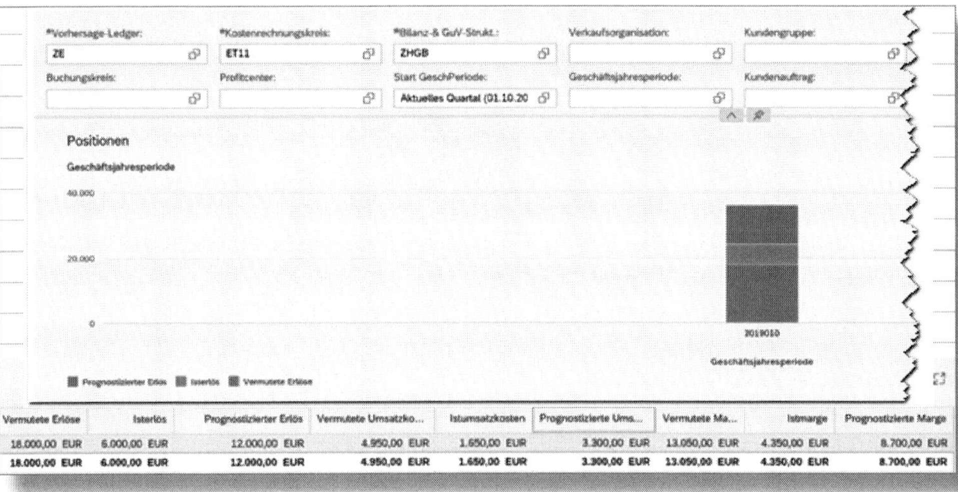

Vermutete Erlöse	Isterlös	Prognostizierter Erlös	Vermutete Umsatzko...	Istumsatzkosten	Prognostizierte Ums...	Vermutete Ma...	Istmarge	Prognostizierte Marge
18.000,00 EUR	6.000,00 EUR	12.000,00 EUR	4.950,00 EUR	1.650,00 EUR	3.300,00 EUR	13.050,00 EUR	4.350,00 EUR	8.700,00 EUR
18.000,00 EUR	**6.000,00 EUR**	**12.000,00 EUR**	**4.950,00 EUR**	**1.650,00 EUR**	**3.300,00 EUR**	**13.050,00 EUR**	**4.350,00 EUR**	**8.700,00 EUR**

Abbildung 3.17: App »Bruttomarge – Vermutet/Ist«

Wir stellen fest, dass in dieser App jeweils drei verschiedene Wertkombinationen für den Erlös, die Umsatzkosten und die Marge dargestellt bzw. ausgewertet werden:

1. *Ist*
   Bei den Ist-Werten handelt es sich um bereits fakturierte Kundenaufträge.

2. *Prognostiziert*
   Bei den prognostizierten Werten handelt es sich um Kundenauftragseingangsdaten (noch nicht fakturiert).

3. *Vermutet*
   Die vermuteten Werte sind die Summe aus Ist- und prognostizierten Werten und stellen sozusagen den »Forecast« dar.

Da wir bisher in unserem Wertefluss nur den Kundenauftrag angelegt haben, sind die vermuteten und prognostizierten Werte identisch; Ist-Werte gibt es noch keine (siehe Abbildung 3.18).

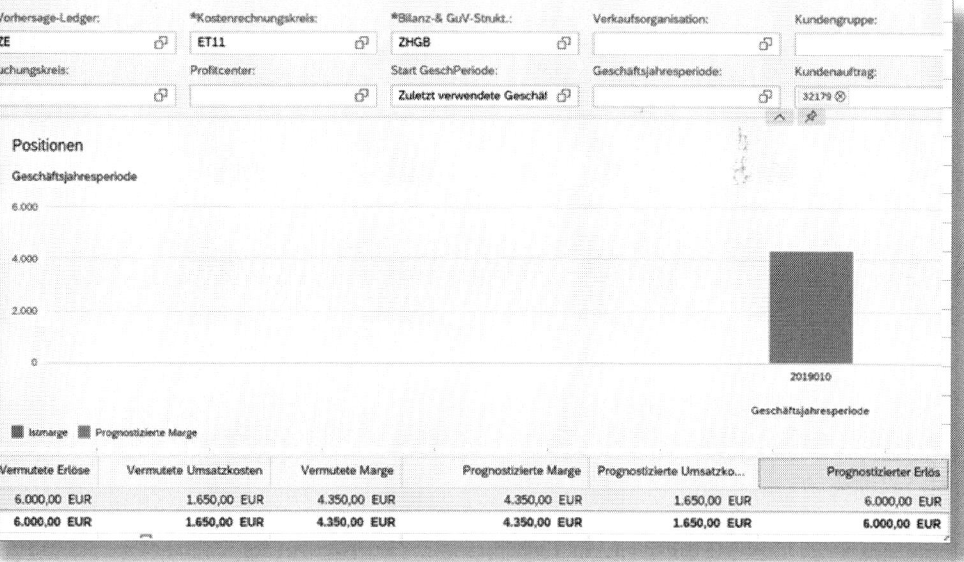

Vermutete Erlöse	Vermutete Umsatzkosten	Vermutete Marge	Prognostizierte Marge	Prognostizierte Umsatzko...	Prognostizierter Erlös
6.000,00 EUR	1.650,00 EUR	4.350,00 EUR	4.350,00 EUR	1.650,00 EUR	6.000,00 EUR
6.000,00 EUR	**1.650,00 EUR**	**4.350,00 EUR**	**4.350,00 EUR**	**1.650,00 EUR**	**6.000,00 EUR**

Abbildung 3.18: App »Bruttomarge – Ist/Vermutet« – Darstellung unseres Kundenauftrags

Im Kapitel 6 werden wir, sobald der Kundenauftrag fakturiert ist, die App »Bruttomarge – Vermutet/Ist« noch einmal aufrufen.

3.4 Schnittstelle zum kalkulatorischen CO-PA

Damit Sie Kundenauftragsdaten an CO-PA übergeben können, müssen Sie dies im CO-PA-Customizing erst erlauben. Dazu rufen Sie den Einführungsleitfaden auf, wählen über Ergebnis- und Marktsegmentrechnung • Werteflüsse im Ist • Kundenauftragseingänge übernehmen die Funktion Kundenauftragseingänge aktivieren und tragen im Feld KAEing eine »1« ein (siehe Abbildung 3.19).

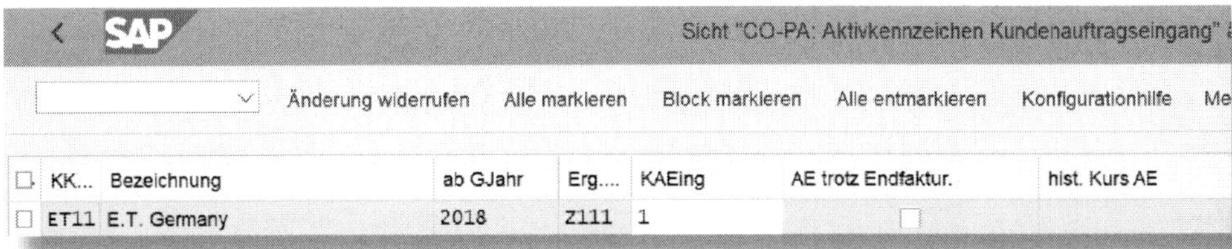

Abbildung 3.19: Aktivierung zu Ergebnisbereich Z111 im Kostenrechnungskreis ET01

Ferner sind den SD-Konditionsarten Wertfelder im CO-PA zuzuordnen (siehe Abbildung 3.20).

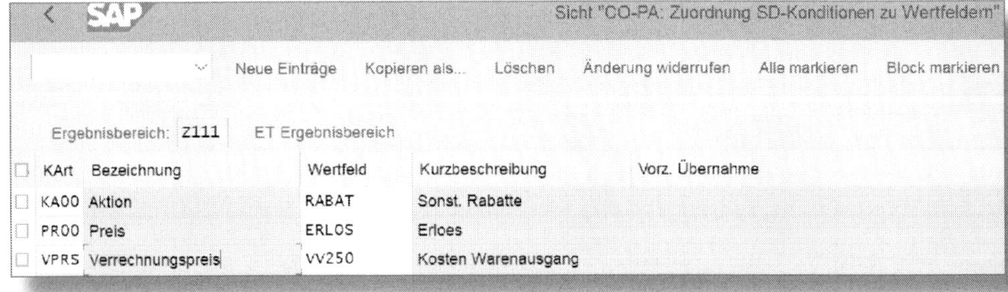

Abbildung 3.20: Zuordnung von SD-Konditionsarten zu Wertfeldern

Nachdem Sie Ihren Kundenauftrag angelegt haben (im Beispiel ist es KUNDENAUFTRAG 32174), müssen Sie ihn sichern.

Nun kontrollieren wir im CO-PA, ob mit der Sicherung des Kundenauftrags tatsächlich Einzelposten gebildet wurden. Mit der Transaktion *KE24* können Sie erzeugte Einzelposten ansehen. Dazu setzen Sie, wie in Abbildung 3.21, zunächst den ERGEBNISBEREICH, bevor Sie über den grünen Haken in das Selektionsbild der Ist-Einzelposten der Ergebnisrechnung (Abbildung 3.22) gelangen. In diesem Abschnitt wollen wir uns kalkulatorische Einzelposten ansehen.

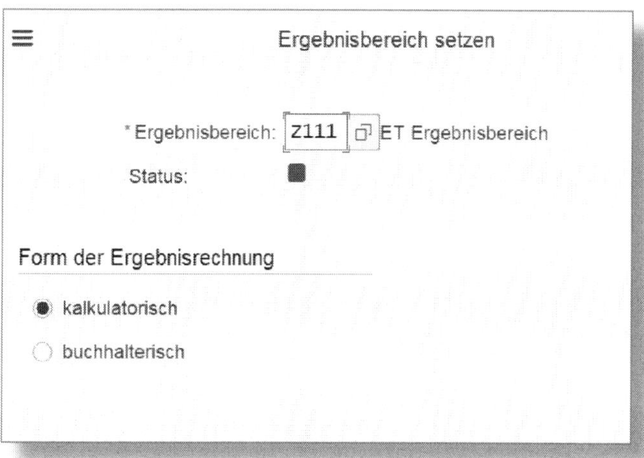

Abbildung 3.21: Ergebnisbereich Z111 setzen

In diesem Selektionsbild können Sie ein für die Ergebnisrechnung wesentliches Merkmal sehen: die sogenannte *Vorgangsart*. Dieses Merkmal gibt es nur in der kalkulatorischen, nicht aber in der buchhalterischen Ergebnisrechnung! Anhand der Vorgangsart können Sie erkennen, aus welcher Quelle die Daten in Ihrer kalkulatorischen Ergebnisrechnung stammen. Abbildung 3.23 zeigt die von SAP ausgelieferten Standardausprägungen.

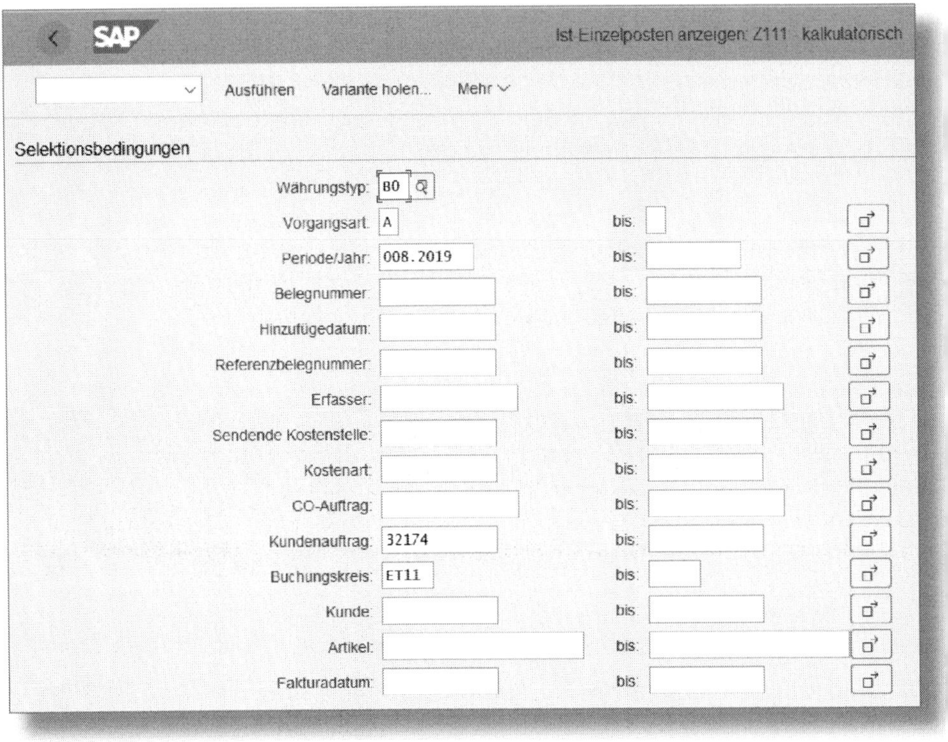

SAP Ist-Einzelposten anzeigen: Z111 kalkulatorisch

Ausführen Variante holen... Mehr

Selektionsbedingungen

Währungstyp:	B0		
Vorgangsart:	A	bis:	
Periode/Jahr:	008.2019	bis:	
Belegnummer:		bis:	
Hinzufügedatum:		bis:	
Referenzbelegnummer:		bis:	
Erfasser:		bis:	
Sendende Kostenstelle:		bis:	
Kostenart:		bis:	
CO-Auftrag:		bis:	
Kundenauftrag:	32174	bis:	
Buchungskreis:	ET11	bis:	
Kunde:		bis:	
Artikel:		bis:	
Fakturadatum:		bis:	

Abbildung 3.22: Selektion der CO-PA-Ist-Einzelposten mit KE24

Vorg.-art	Bezeichnung
A	Kundenauftr.-Eingang
B	Direktkont.Buchhalt.
C	Auftr./Proj.-Abrech.
D	Gemeinkosten
E	Egesch.kalkulation
F	Fakturadaten
G	Kundenabsprachen
H	Stat. Kennzahlen
I	Kundenauftr.-Projekt
L	Warenausgang

Abbildung 3.23: Standardausprägungen des Merkmals »Vorgangsart«

Wenn Sie bei Ausführung der Transaktion *KE24* also die Vorgangsart *A* auswählen, können Sie sicher sein, dass Ihnen das ERP-System auch nur Kundenauftragsdaten ausgibt.

Durch Ausführung der Selektion sehen wir unseren Ist-Einzelposten (Abbildung 3.24), den wir durch die Sicherung des Kundenauftrags erzeugt haben.

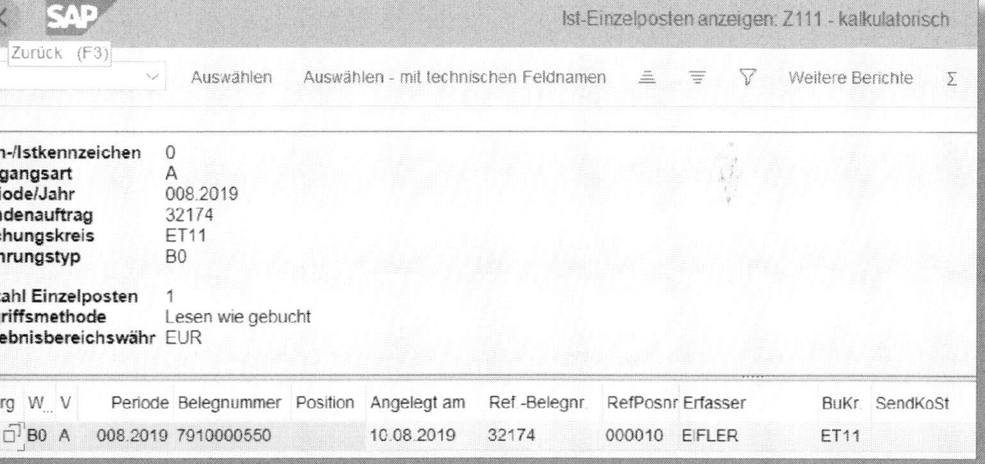

Abbildung 3.24: Ist-Einzelposten Kundenauftrag 32174

Mit einem Doppelklick auf die Zeile des Einzelpostens können Sie nun zwischen den Reitern Merkmale, Wertfelder, Herkunftsdaten und Verwaltungsdaten wechseln (siehe Abbildung 3.25 und Abbildung 3.26). Sehen wir uns zunächst die Merkmale an, die in diesem Einzelposten mitgegeben wurden.

Sie erkennen, dass neben den wenigen im Kundenauftrag mitgegebenen Feldern, wie z. B. Kunde oder Artikel, viele weitere Merkmale bereitgestellt werden. So sind etwa Informationen aus Kunden- und Produkthierarchien verfügbar, die Sie i. d. R. aus *Merkmalsableitungen* entwickelt haben. Diese Merkmalsableitungen werden über die Transaktion *KEDR* bereitgestellt. Neben standardmäßig festen Ableitungen können Sie hier auch freie Ableitungen definieren, je nachdem, welches »eigene« Merkmal Ihres Ergebnisbereichs zusätzlich gefüllt werden soll.

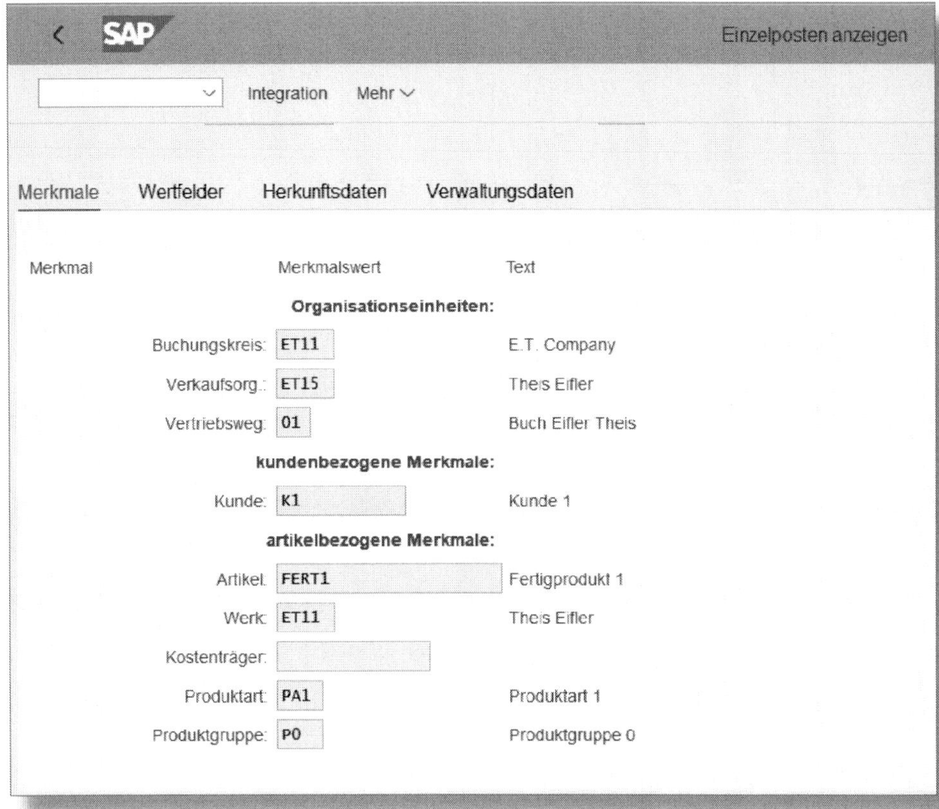

Abbildung 3.25: Merkmale des Kundenauftragseinzelpostens (I)

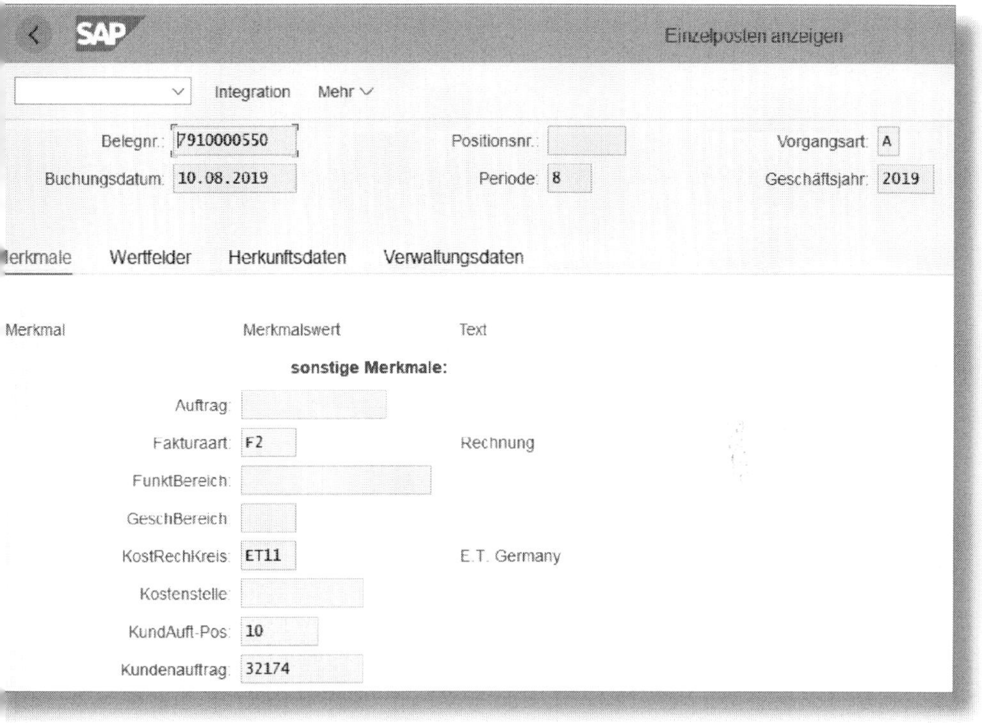

SAP Einzelposten anzeigen

Integration Mehr

Belegnr.: 7910000550 Positionsnr.: Vorgangsart: A
Buchungsdatum: 10.08.2019 Periode: 8 Geschäftsjahr: 2019

Merkmale Wertfelder Herkunftsdaten Verwaltungsdaten

Merkmal	Merkmalswert	Text
sonstige Merkmale:		
Auftrag:		
Fakturaart:	F2	Rechnung
FunktBereich:		
GeschBereich:		
KostRechKreis:	ET11	E.T. Germany
Kostenstelle:		
KundAuft-Pos:	10	
Kundenauftrag:	32174	

Abbildung 3.26: Merkmale des Kundenauftragseinzelpostens (II)

Weiterhin wurden WERTFELDER gefüllt. Sie erinnern sich, dass wir nur eine Mengeninformation (*1,00* Stück des Produkts FERT1), einen Bruttolistenpreis PR00 (*7.500 EUR*) und einen Rabatt KA00 (*1.500 EUR*) im Kundenauftrag mitgegeben hatten, mehr nicht!

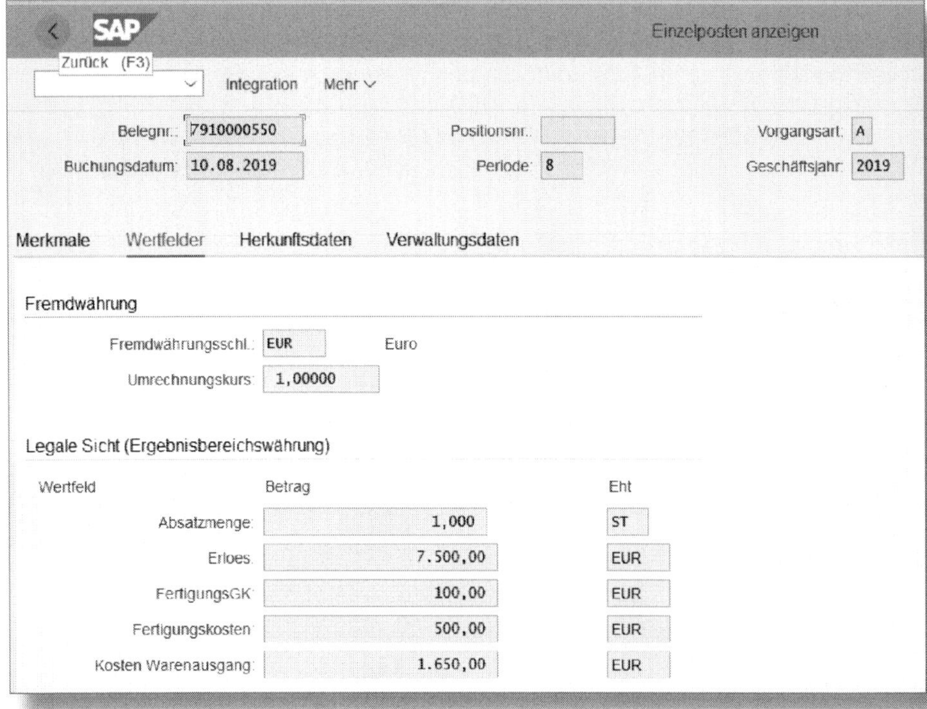

Abbildung 3.27: Wertfelder des Kundenauftragseinzelpostens (I)

In Abbildung 3.27 und Abbildung 3.28 sehen wir aber, dass neben den bisher im Kundenauftrag mitgegebenen Informationen weitere Wertfelder gefüllt wurden.

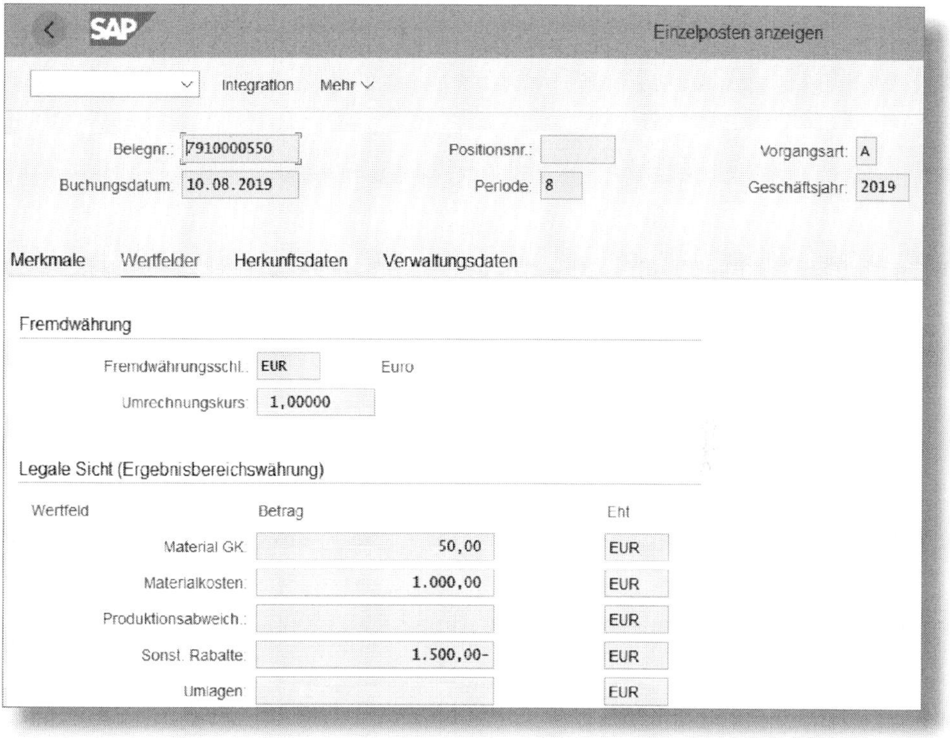

Abbildung 3.28: Wertfelder des Kundenauftragseinzelpostens (II)

Woher stammen diese zusätzlichen Informationen? Im Rahmen der *Bewertungsstrategie*, die wir im Customizing unserer Ergebnisrechnung festgelegt haben (Transaktion *KE4U*), wurde definiert, dass wir für unser zu verkaufendes Produkt die Materialkalkulation durchlaufen wollen (siehe Abbildung 3.29).

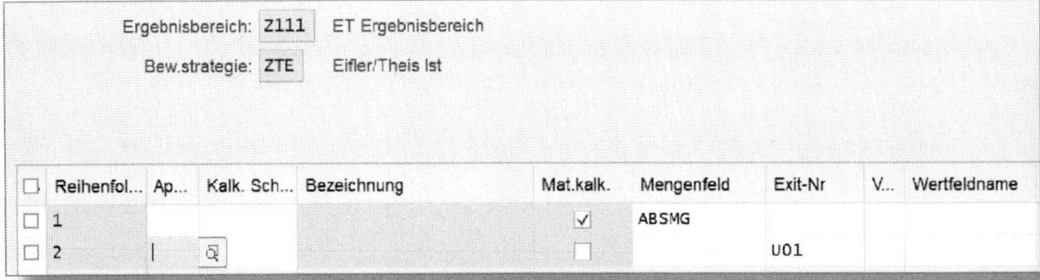

Abbildung 3.29: Bewertungsstrategie definieren (KE4U)

In einem nächsten Schritt wird nun, wie in Abbildung 3.30 zu sehen, die Bewertungsstrategie *Z01* einer KALKULATIONSAUSWAHL zugeordnet.

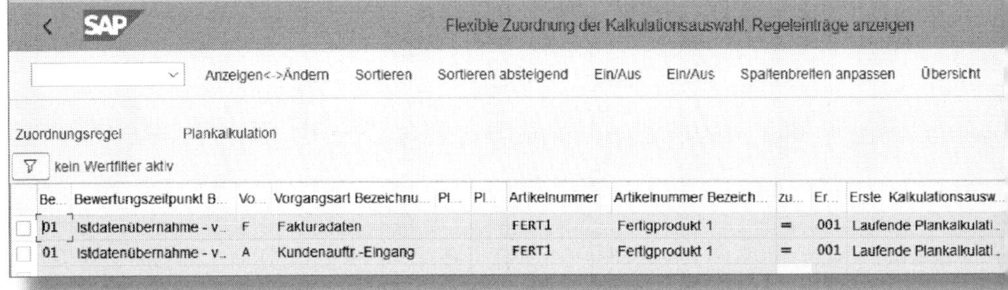

Abbildung 3.30: Flexible Kalkulationsauswahl

Dadurch wird gewährleistet, dass die für den Artikel *FERT1* gespeicherte Standardkalkulation gefunden und ihre Werte in Wertfelder der Ergebnisrechnung transferiert werden, weil wir die Kostenkomponenten der Standardkalkulation einzelnen Wertfeldern in unserem ERGEBNISBEREICH *Z111* zugeordnet haben (siehe Abbildung 3.31).

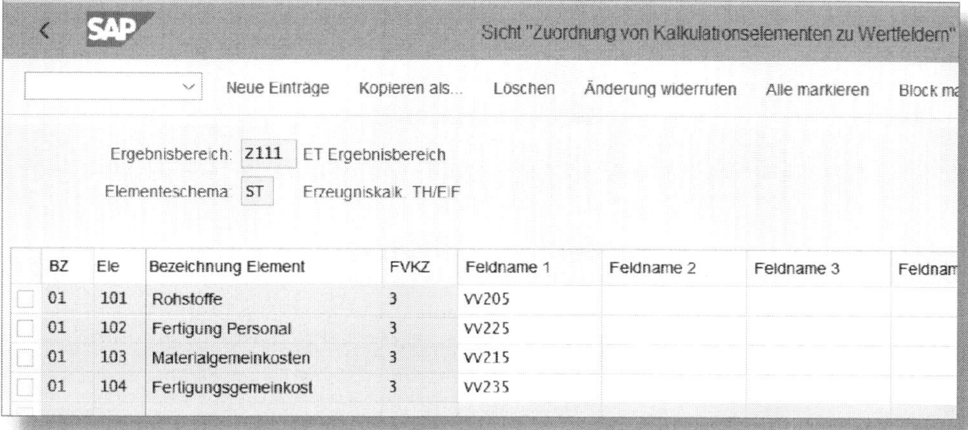

Abbildung 3.31: Kostenkomponenten zu Wertfeldern zuordnen (KE4R)

Vergleichen wir nun die in Abbildung 2.10 zusammengefassten Werte mit den Informationen in den Wertfeldern unseres Kundenauftragseinzelpostens, dann sehen wir, dass in den Wertfeldern MATERIALEINSATZ, MATERIALGEMEINKOSTEN, FERTIGUNGSKOSTEN VARIABEL und FERTIGUNGSGEMEINKOSTEN identische Informationen vorhanden sind.

Weitere Informationen zur Merkmalsableitung und Bewertung im CO-PA

Eine umfassende Übersicht mit detaillierten Informationen zur Merkmalsableitung und Bewertung im CO-PA finden Sie in Stefan Eiflers Buch »Schnelleinstieg in die SAP-Ergebnisrechnung (CO-PA)«, das ebenfalls im Verlag Espresso Tutorials erschienen ist.

Dem findigen Leser wird sicher aufgefallen sein, dass ein weiteres Wertfeld, das wir bisher nicht benannt haben, gefüllt worden ist: die Kosten des Warenausgangs. Hierin weisen wir einen Wert von *1.650 EUR* aus. Wo kommt dieser her? Ist es einfach eine Summierung der Wertfelder, die wir für die Standardkalkulation verwendet haben? Wenn dem so wäre, wäre dies zu einfach gedacht und keiner weiteren Betrachtung wert. Nein, wir greifen hier auf eine Standardkonditionsart von SAP zurück: auf die *Konditionsart VPRS*.

Springen wir zur Verdeutlichung aus dem CO-PA-Einzelposten mithilfe des Buttons Integration (siehe Abbildung 3.32) direkt in den SD-Kundenauftrag (siehe Abbildung 3.33).

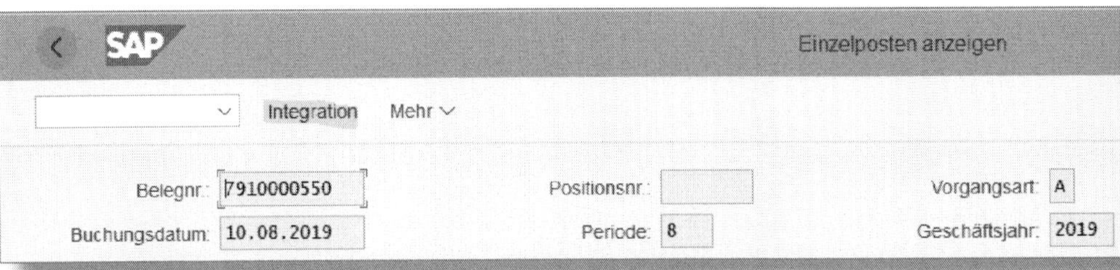

Abbildung 3.32: Integration des Kundeneinzelpostens mit anderen Modulen

Wenn wir von dort weiter in die Konditionsübersicht (Konditionen) des Kundenauftrags springen, sehen wir, dass die Konditionsart (KArt) *VPRS* mit *1.650 EUR* gefüllt ist. Dazu ist im SD-Kalkulationsschema für die Preisfindung vorab sicherzustellen, dass eben diese Konditionsart dort hinterlegt ist. Durch deren Zuordnung zum Wertfeld Kosten des Warenausgangs (vgl. Abbildung 3.20) sind nun *1.650 EUR* im Kundenauftragseinzelposten des CO-PA sichtbar.

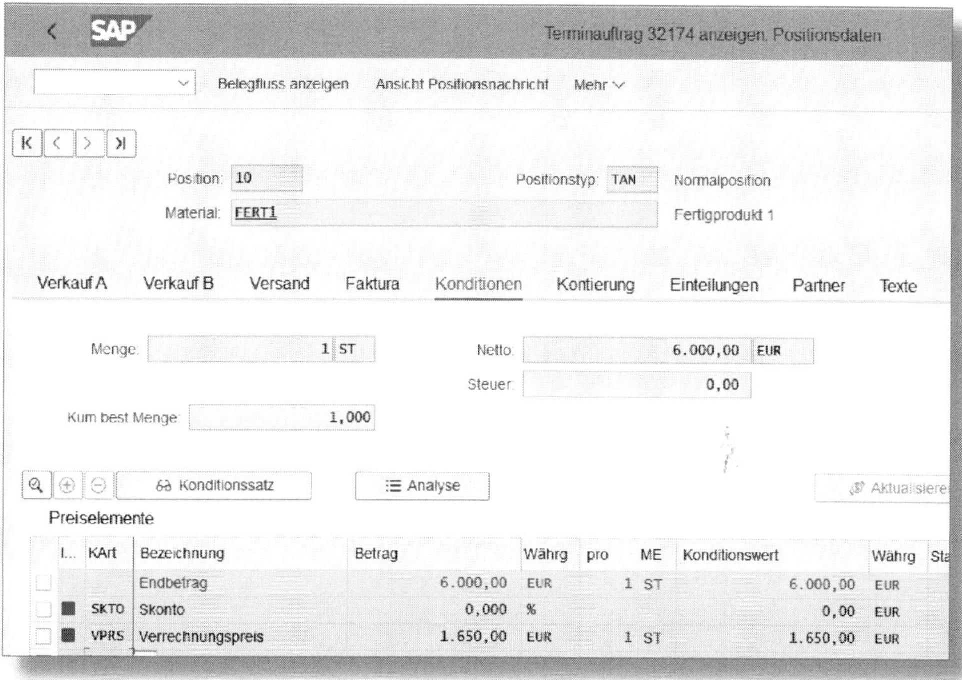

Abbildung 3.33: Kundenauftragspositionsdaten mit VPRS-Konditionsart

An dieser Stelle ist zu sagen, dass die Information dieser Konditionsart für den Kundenauftragseinzelposten noch nicht so bemerkenswert ist, weil wir den Hinweis, was unser Produkt wert ist, bereits aus der Standardkalkulation erhalten haben. Dennoch wird im Laufe unseres Prozesses diese Konditionsart eine große Bedeutung bekommen, weil sie uns die tatsächlich in der *Finanzbuchhaltung (FI)* gebuchten Kosten des Warenausgangs bereitstellen wird. Nur dadurch bekommen wir die Möglichkeit, in einer kalkulatorischen Form der Ergebnisrechnung die tatsächlich in FI gebuchten Kosten auch zu sehen und letztendlich eine Abstimmung der Werte zwischen FI und CO-PA bis hin zum Ergebnis gewährleisten zu können.

Wie eingangs dieses Kapitels bereits erwähnt, führt die Erfassung eines Kundenauftrags noch zu keinen Buchungen im FI, aber, sofern eingestellt, zu CO-PA-Einzelposten.

Wie sehen nun die Wertfelder dieses Einzelpostens in einem CO-PA-Bericht, den Sie im dynamischen Berichtswesen des CO-PA hinterlegen (Details dazu sind auch in dem oben bereits erwähnten Buch abrufbar) und mit der Transaktion *KE30* ausführen.

Schlüsselspalte	Auftragseingang 002.2020
Bruttoumsatz	7.500,00
Rabatte	1.500,00-
Fakturaumsatz	6.000,00
Kosten Warenausgang	1.650,00
Produktionsabweich.	0,00
Materialkosten	1.000,00
Material GK	50,00
Fertigungskosten	500,00
FertigungsGK	100,00
Kalk. Produktkosten	1.650,00
Abw Ist kalk. Kosten	0,00
Deckungsbeitrag	4.350,00
Umlagen	0,00
Ergebnis	4.350,00

Abbildung 3.34: Darstellung des Auftragseingangs im CO-PA-Bericht

In der in Abbildung 3.34 dargestellten Deckungsbeitragsstruktur, die wir Ihnen in Abschnitt 2.1.3 bereits angekündigt hatten, sehen Sie noch eine Hilfszeile »Abweichung Ist- zu kalkulatorischen Kosten« (ABW. IST- KALK. KOSTEN). Für den Auftragseingang weist diese Hilfszeile noch einen Wert von *0,00 EUR* aus, da die KOSTEN des WARENAUSGANGS (über VPRS) und die Summierung der KALKULATORISCHEN PRODUKTIONSKOSTEN identisch sind. Diese Hilfszeile ist dann wichtig, wenn im IST die Kosten des tatsächlichen Warenausgangs, die in FI gebucht werden, vom Wert aus der Standardkalkulation (= kalkulatorischer Wert) abweichen und Sie dennoch Ihren Deckungsbeitrag 1:1 mit FI abstimmen wollen.

Abbildung 3.35 zeigt, wie sich der Prozess dessen, was bisher passiert ist, darstellen lässt.

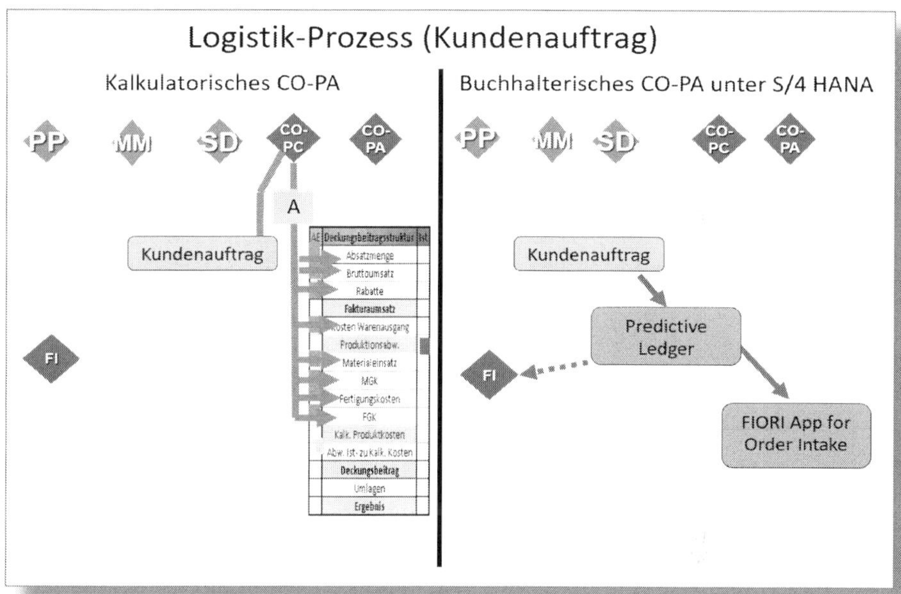

Abbildung 3.35: Prozess Kundenauftrag

Im kalkulatorischen CO-PA geschieht Folgendes:

1. Wir erfassen einen Kundenauftrag im Modul SD.

2. Mit Sicherung des Kundenauftrags werden mit gleichzeitiger Berücksichtigung der Standardkalkulation in CO-PC das Mengenfeld »Absatzmenge« sowie die Wertfelder »Bruttoumsatz«, »Rabatte«, »Kosten des Warenausgangs«, »Materialeinsatz«, »Materialgemeinkosten (MGK)«, »Fertigungskosten« und »Fertigungsgemeinkosten (FGK)« in der Ergebnisrechnung (CO-PA) gefüllt.

3. Im CO-PA-Reporting erkennen Sie die erzeugten Einzelposten anhand der Vorgangsart »A«. Alle anderen SAP-Module sind noch nicht betroffen.

Alle bisher übergebenen Werte sind kalkulatorisch, d. h., es wurde nichts im FI gebucht (was auch bei einem Kundenauftrag mehr als ungewöhnlich wäre).

Im buchhalterischen CO-PA passiert Folgendes:

1. Wir erfassen einen Kundenauftrag im Modul SD.
2. Die Kundenauftragsdaten werden mit Sicherung des Kundenauftrags direkt in der Tabelle ACDOCA im Prediction Ledger gebucht.
3. Über standardisierte Fiori-Apps für den Auftragseingang lassen sich diese Kundenaufträge anschließend anzeigen und analysieren.

4 Der Fertigungsauftrag

Nachdem der Kunde seine Drohung wahr gemacht und unser Produkt FERT1 in Auftrag gegeben hat, müssen wir es auch herstellen. Der komplette Fertigungsprozess wird im *SAP-Modul PP* (Produktionsplanung und -steuerung) abgebildet. In diesem Kapitel werden wir uns mit dem Produktionsprozess aus der Finanzperspektive beschäftigen. Wir werfen einen Blick auf die Werteflüsse, die während der Produktion unseres Produkts im FI, CO und CO-PA entstehen.

4.1 Plankalkulation Fertigungsauftrag

Die Herstellung unseres Produkts **FERT1** erfolgt mittels eines *Fertigungsauftrags*. Auf diesem werden alle Vorgänge abgebildet, die mit der Herstellung unseres Produkts verknüpft sind.

Der Fertigungsauftrag beinhaltet Informationen darüber, was wann gefertigt wird und was uns der Fertigungsauftrag bzw. unser Produkt am Ende des Tages kostet.

Einen Fertigungsauftrag legen wir mit der Transaktion **CO01** (siehe Abbildung 4.1) an. Anzeigen können wir einen Fertigungsauftrag mit der Transaktion **CO03**.

Alternativ stehen die folgenden Fiori-Apps zur Verfügung:

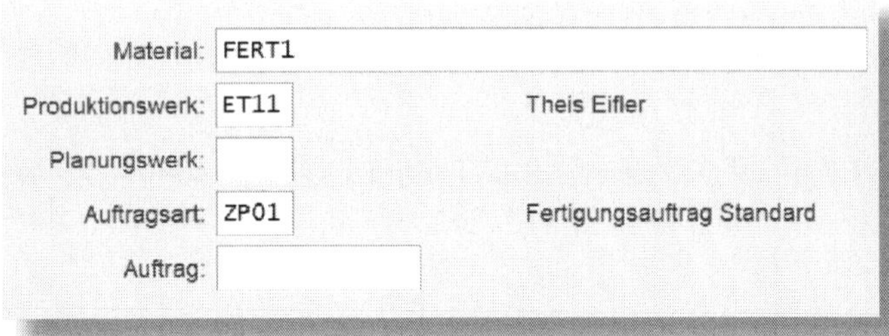

Abbildung 4.1: Anlage Fertigungsauftrag

Notwendige Eingaben sind das MATERIAL, das wir herstellen möchten, das WERK, in dem wir den Produktionsauftrag anlegen bzw. unser Produkt produzieren wollen, sowie die AUFTRAGSART.

In unserem Fall stellen wir unser Fertigprodukt *FERT1* im Werk *ET11* mit der Auftragsart *ZP01* her.

Auftragsart

Jeder Fertigungsauftrag muss einer Auftragsart zugeordnet werden. In ihr werden gewisse Steuerungsinformationen hinterlegt, wie etwa *Nummernkreise*, *Abrechnungsprofil* oder der *Funktionsbereich*, die für die Verwaltung von Aufträgen benötigt werden. Die Auftragsart klassifiziert sozusagen Fertigungsaufträge nach ihrer Verwendung.

Nach Bestätigung gelangen wir in den Auftragskopf. Wir möchten ein Stück des Produkts *FERT1* herstellen, eben genau das eine Stück, das unser Kunde uns in Auftrag gegeben hat. Daher geben wir im Feld GESAMTMENGE die zu produzierende Menge *1* ein. Des Weiteren ergänzen wir den START- und ENDEzeitpunkt, also wann die Produktion beginnen und das Produkt fertiggestellt sein soll (siehe Abbildung 4.2).

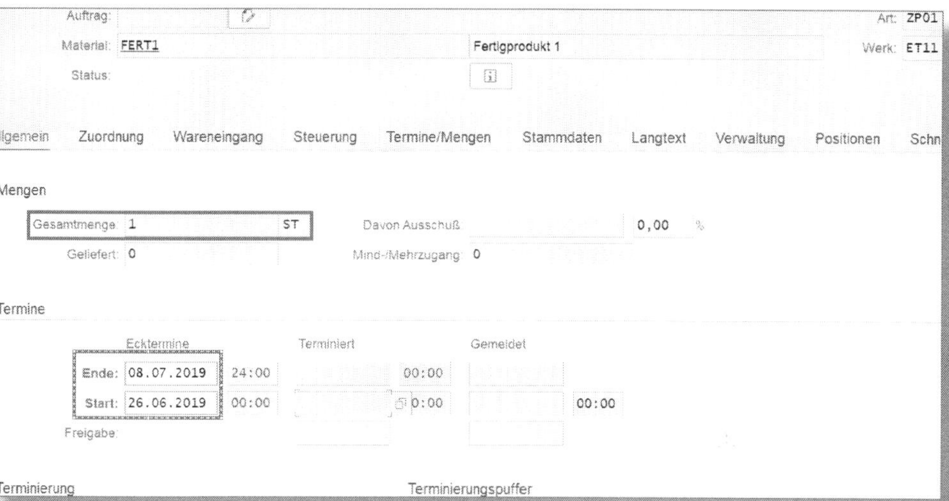

Abbildung 4.2: Kopf Fertigungsauftrag

Sind all diese Informationen gepflegt, sichern wir unseren Fertigungsauftrag. Es wird eine Auftragsnummer erzeugt.

Kalkulation des Fertigungsauftrags

Im Customizing haben wir in der Auftragsart ZP01 hinterlegt, dass der Fertigungsauftrag mit Sicherung kalkuliert wird, d. h., es werden Plankosten auf dem Fertigungsauftrag kalkuliert, sobald der Fertigungsauftrag gespeichert wird. Wir müssen also die Plankalkulation des Fertigungsauftrags nicht separat anstoßen.

Über den Menüpfad Mehr • Springen • Kosten • Analyse können wir uns nun die *Kostenanalyse* anschauen (siehe Abbildung 4.3).

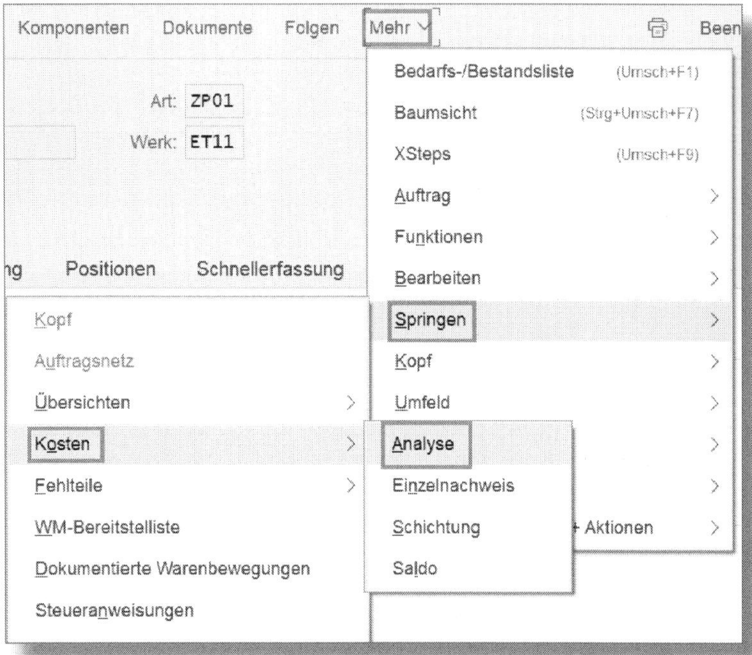

Abbildung 4.3: Absprung Kostenanalyse Fertigungsauftrag

Abbildung 4.4 zeigt die Kostenanalyse mit den kalkulierten Plankosten für unser Fertigprodukt FERT1.

Wir gehen mal stark davon aus, dass Ihnen die Zahlen in der Spalte PLANKOSTEN GESAMT bekannt vorkommen. Genau, diese Zahlen haben wir bereits in der Standardkalkulation für unser Produkt ermittelt (siehe Abschnitt 2.2).

Die Summe aus den WARENAUSGÄNGEN (Verbrauch von Rohstoffen), den RÜCKMELDUNGEN (Personalkosten) sowie den ZUSCHLÄGEN (Material- und Fertigungsgemeinkostenzuschlag) ergeben genau den Preis von *1.650 EUR* unseres Fertigmaterials aus unserer Standardkalkulation. Die Buchung des WARENEINGANGS entlastet den Fertigungsauftrag genau um diesen Betrag. Somit beträgt die Differenz in der Spalte PLANKOSTEN GESAMT null.

Vorgang	Herkunft	Herkunft (Text)	Kostenart	Σ	Plankosten gesamt	Währung
Warenausgänge	ET11/ROHSTOFF 1	ROHSTOFF 1	51100000		400,00	EUR
	ET11/ROHSTOFF 2	ROHSTOFF 2	51100000		600,00	EUR
Warenausgänge				•	**1.000,00**	**EUR**
Rückmeldungen	KS1/999	Produktion 1 / Personalstunden	94311000		500,00	EUR
Rückmeldungen				•	**500,00**	**EUR**
Zuschläge	KS3	Einkauf	94111000		50,00	EUR
	KS4	Produktionsleitung	94112000		100,00	EUR
Zuschläge				•	**150,00**	**EUR**
Wareneingang	ET11/FERT1	Fertigprodukt 1	55100000		1.650,00-	EUR
Wareneingang				•	**1.650,00-**	**EUR**
				••	**0,00**	**EUR**

Abbildung 4.4: Plankosten Fertigungsauftrag

Nun könnte in unserem Beispiel der Eindruck entstehen, dass sich die Werte in der Plankostenspalte aus der Standardkalkulation in Abschnitt 2.2.2 ergeben.

Dies ist nicht richtig!

Die Plankosten werden zum Zeitpunkt der Anlage des Fertigungsauftrags bzw. zum Zeitpunkt der Fertigungsauftragskalkulation neu ermittelt; die Ermittlung erfolgt über die *Komponenten* und *Arbeitsvorgänge* des Fertigungsauftrags zu aktuellen Preisen. Diese können von der Stückliste und dem Arbeitsplan abweichen.

Um Ihnen dies besser darstellen zu können, haben wir den Preis des Materials *Rohstoff 1* von *400 EUR* auf *450 EUR* geändert (siehe Abbildung 4.5) und die Kalkulation unseres Auftrags noch mal durchgeführt. Wir erhalten das in Abbildung 4.6 dargestellte Ergebnis.

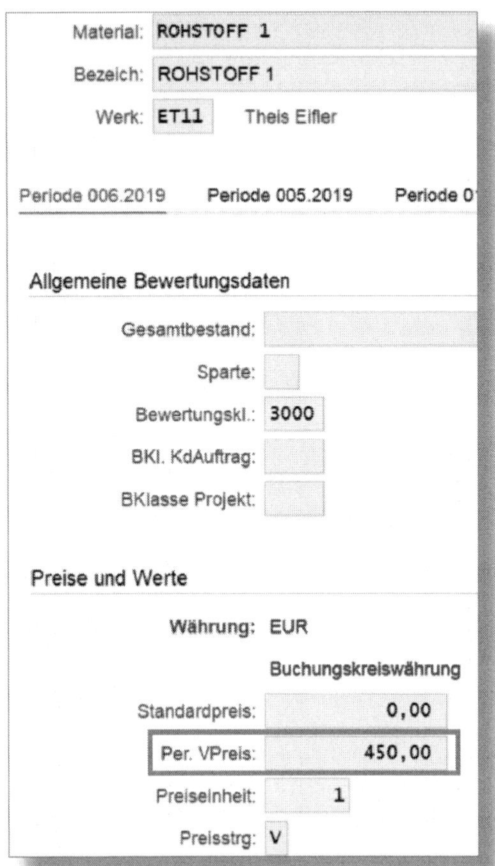

Abbildung 4.5: Geänderter Preis ROHSTOFF 1

Wie Sie sehen, zeigt der Wareneingang immer noch unseren Standardpreis aus der Standardkalkulation von *1.650 EUR*, jedoch hat sich beim WARENAUSGANG der Wert für *Rohstoff 1* von 400 EUR auf *450 EUR* geändert und somit auch der Materialgemeinkostenzuschlag von 50 EUR auf *52,50 EUR* (5 Prozent von *1.050 EUR*; vorher 5 Prozent von 1.000 EUR). Wie bereits erwähnt, liegt das daran, dass in der Plankalkulation von Fertigungsaufträgen die aktuellen Materialpreise herangezogen werden.

organg	Herkunft	Herkunft (Text)	Kostenart	Σ	Plankosten gesamt	Währung
/arenausgänge	ET11/ROHSTOFF 1	ROHSTOFF 1	51100000		450,00	EUR
	ET11/ROHSTOFF 2	ROHSTOFF 2	51100000		600,00	EUR
/arenausgänge				•	**1.050,00**	**EUR**
ückmeldungen	KS1/999	Produktion 1 / Personalstunden	94311000		500,00	EUR
ückmeldungen				•	**500,00**	**EUR**
uschläge	KS3	Einkauf	94111000		52,50	EUR
	KS4	Produktionsleitung	94112000		100,00	EUR
uschläge				•	**152,50**	**EUR**
/areneingang	ET11/FERT1	Fertigprodukt 1	55100000		1.650,00-	EUR
/areneingang				•	**1.650,00-**	**EUR**
				••	**52,50**	**EUR**

Abbildung 4.6: Plankosten Fertigungsauftrag – Abweichung

Plankosten – Standardpreis

Die Plankosten des Fertigungsauftrags weisen nur in der Zeile Wareneingang den Wert aus der Standardkalkulation bzw. den durch die Standardkalkulation ermittelten Preis aus dem Materialstamm aus. Alle Komponenten und Arbeitsvorgänge werden für die Plankalkulation des Fertigungsauftrags neu mit aktuellen Preisen bewertet. Häufig kommt es bei Rohstoffen zu Abweichungen aufgrund des *gleitenden Durchschnittspreises* (V-Preis). Dieser kann sich mit jedem Kauf von Rohstoffen ändern und führt so schnell zu einer Abweichung zwischen dem aktuellen und dem aus der Standardkalkulation genutzten V-Preis.

Nachdem wir die Plankosten unseres Fertigungsauftrags erklärt und hergeleitet haben, arbeiten wir im Folgenden mit der ursprünglichen Version weiter, in der die Plankalkulation unseres Fertigungsauftrags mit dem Standardpreis und der Standardkalkulation exakt übereinstimmt.

Für unseren Wertefluss hat die Plankostenspalte keine Relevanz. Es werden durch die Anlage eines Produktionsauftrags, bzw. mit Anlage der Kalkulation, keine Werte im FI, CO oder CO-PA gebucht. Eigentlich ist das auch logisch, denn es wurde ja noch nichts produziert, sondern lediglich eine Kalkulation der Plankosten unseres Fertigungsauftrags erstellt.

4.2 Produktionsprozess

Starten wir die Produktion unseres Fertigprodukts *FERT1.* Dafür müssen wir unseren Fertigungsauftrag über den in Abbildung 4.7 hervorgehobenen Button freigeben.

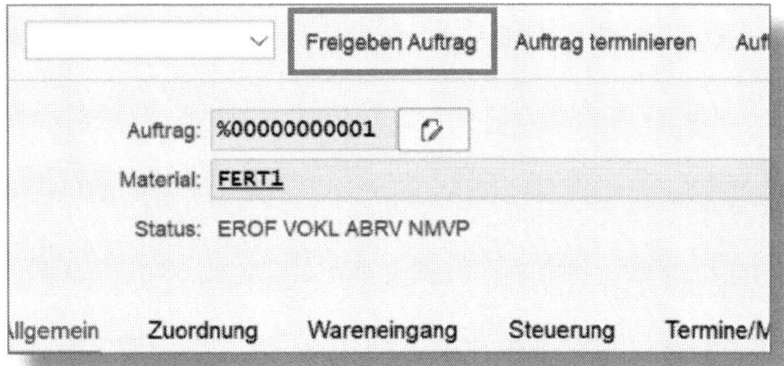

Abbildung 4.7: Freigabe Produktionsauftrag

Anschließend kann mit der Produktion begonnen werden.

Folgende drei Schritte führen wir dazu durch:

1. Warenausgänge

Wir werden die benötigten Rohstoffe für unser Produkt FERT1 auf unseren Fertigungsauftrag mit dem Vorgang »Warenausgänge« verbrauchen.

2. Rückmeldungen

Wie lange haben wir gebraucht, um unser Produkt FERT1 fertigzustellen? Wir werden die geleisteten Arbeitsstunden auf unserem Fertigungsauftrag verbuchen. Dies erfolgt mit dem Vorgang »Rückmeldungen«.

3. Wareneingang

Wir werden unser Endprodukt nach Fertigstellung in das Lager buchen, und zwar mit dem Vorgang »Wareneingang«.

Somit ist die Herstellung unseres Produkts FERT1 abgeschlossen. Es liegt nun in unserem Lager und kann verkauft werden.

Alle drei genannten Vorgänge führen zu Werteflüssen im FI, CO und CO-PA.

Für die Durchführung der Warenausgangsbuchung, der Rückmeldungen und schlussendlich der Wareneingangsbuchung nutzen wir die Transaktion *CO11N* (siehe Abbildung 4.8).

Alternativ können wir auch die folgende App verwenden:

Andere Rückmeldung Warenbewegungen Istdaten Mehr

Rückmeldung: Material: FERT1
Auftrag: 1002761 Kurztext: Fertigprodukt 1
Vorgang: 0010 Folge: 0
Untervorgang:
Kapazitätsart: Splitt:
Arbeitsplatz: PROD. Werk: ET11 Arbeitsplatz
Rückmeldeart: Automatische Endrückmeldung Ausbuchen offe

Mengen

Rückzumelden Einh
Gutmenge: 1 ST
Ausschuß:
Nacharbeit:
Abweich.Ursache:

Leistungen

Rückzumelden Einh Fertig
Rüstzeit:
Maschinenzeit:
Personenzeit: 160 H

Abbildung 4.8: Fertigungsauftrag komplett zurückmelden

Transaktion CO11N

Die Transaktion *CO11N* bietet die Möglichkeit, einen Fertigungsauftrag auf Vorgangsebene zurückzumelden. Wir können also mit dieser Transaktion die Rohstoffverbräuche (Warenausgänge), Personalstunden (Rückmeldungen) und Wareneingangsbuchungen mengen- und wertmäßig verbuchen. Als Vorschlagswerte werden die Informationen aus den Arbeitsvorgängen und den Komponenten des Fertigungsauftrags verwendet. Diese Vorschlagswerte können innerhalb der Transaktion geändert werden, was wir in unserem Beispiel für die »Personalstunden« getan haben: Anstatt die 100 Stunden aus dem Arbeitsplan zugrunde zu legen, haben wir die Personalstunden auf 160 Stunden erhöht.

Welche Auswirkungen Warenausgänge, Rückmeldungen und Wareneingänge auf unseren Wertefluss haben, schauen wir uns nun im Detail an.

Vorab zeigen wir Ihnen aber ein Schaubild zum Logistik-Prozess (Abbildung 4.9), um Ihnen das gerade Beschriebene nochmals bildlich vor Augen zu führen.

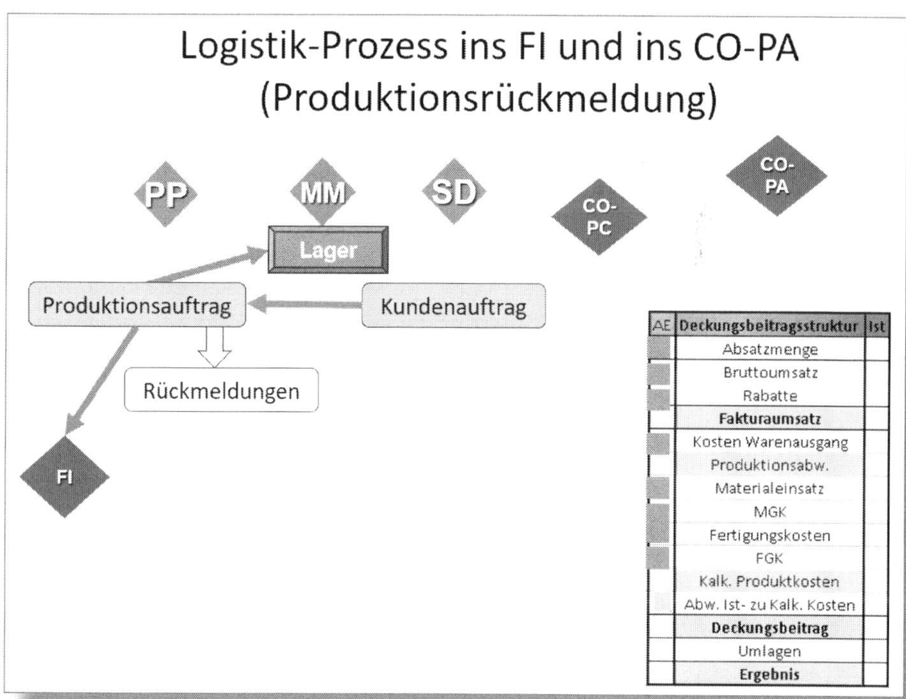

Abbildung 4.9: Produktionsrückmeldung

1. Der im Modul SD erzeugte Kundenauftrag hat über die Bedarfsplanung einen Produktionsauftrag in PP getriggert.
2. An diesem Produktionsauftrag wird gearbeitet, bis die Produktionsmitarbeiter durch Rückmeldungen bestätigen, dass die erforderlichen Arbeitsvorgänge erledigt sind.
3. Das in der Produktion hergestellte Produkt wird auf Lager (Modul MM) gelegt; gleichzeitig werden sowohl der Wareneingang des neuen Produkts als auch die Warenausgänge für die entnommenen Rohstoffe im Modul FI gebucht.

4.2.1 Warenausgänge

Beginnen wir mit dem ersten Vorgang, den *Warenausgängen*. Zum besseren Verständnis rufen wir uns die relevanten Informationen aus Abschnitt 2.2.2 in Erinnerung: Unsere Stückliste für das Fertigprodukt *FERT1* gibt vor, dass wir ein Stück von *ROHSTOFF 1* und zwei Stück von *ROHSTOFF 2* benötigen, wie in Abbildung 4.10 dargestellt.

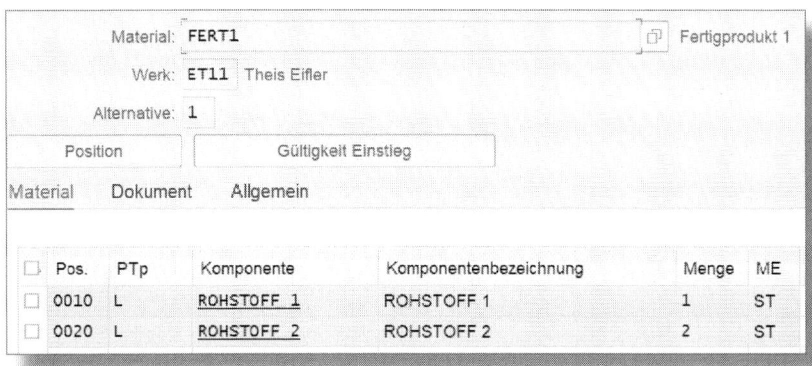

Abbildung 4.10: Stückliste FERT1

Ebenfalls erinnern wir uns zurück, dass ROHSTOFF 1 einen (gleitenden Durchschnitts-)Preis von 400 EUR pro Stück und ROHSTOFF 2 einen (gleitenden Durchschnitts-)Preis von 300 EUR haben.

In unserem Beispiel nutzen wir genau die Mengenangaben aus unserer Stückliste und verbrauchen ein Stück von ROHSTOFF 1 zu 400 EUR und zwei Stück von ROHSTOFF 2 zu jeweils 300 EUR.

Als Resultat ergeben sich aus der Rückmeldung der Materialverbräuche diese vier Belege:

- Materialbeleg,
- Buchhaltungsbeleg,
- Kostenrechnungsbeleg
- Material-Ledger-Beleg.

Der *Materialbeleg* wird erzeugt, weil es sich bei dem Vorgang »Warenausgang« um eine Warenbewegung handelt. Er dient als Information und Nachweis für die Bestandsführung. Immer wenn Waren bewegt werden, wird für diese Bewegung ein Materialbeleg erzeugt (siehe Abbildung 4.11).

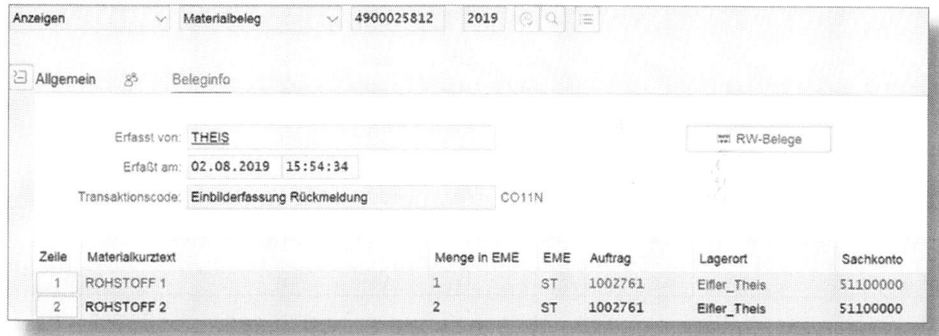

Abbildung 4.11: Materialbeleg

Da es um Warenbewegungen geht, die für die Finanzbuchhaltung relevant sind, wird auch ein *Buchhaltungsbeleg* erzeugt (siehe Abbildung 4.12). Die entsprechenden Bewegungen werden auf Sachkonten verbucht.

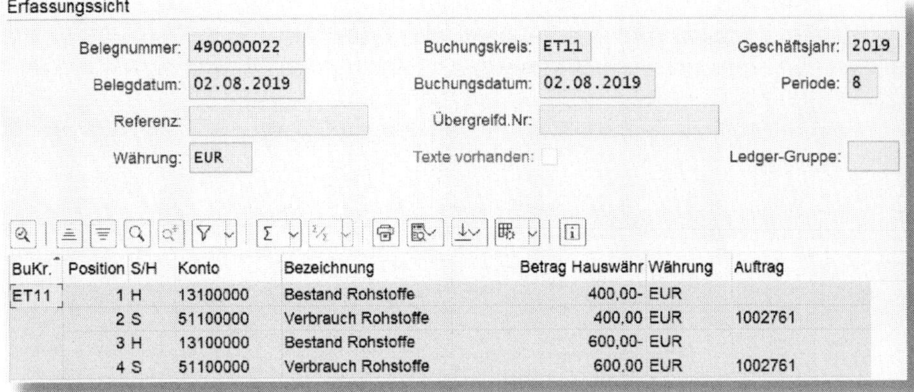

Erfassungssicht

Belegnummer: 490000022 Buchungskreis: ET11 Geschäftsjahr: 2019
Belegdatum: 02.08.2019 Buchungsdatum: 02.08.2019 Periode: 8
Referenz: Übergreifd.Nr:
Währung: EUR Texte vorhanden: Ledger-Gruppe:

BuKr.	Position	S/H	Konto	Bezeichnung	Betrag Hauswähr	Währung	Auftrag
ET11	1	H	13100000	Bestand Rohstoffe	400,00-	EUR	
	2	S	51100000	Verbrauch Rohstoffe	400,00	EUR	1002761
	3	H	13100000	Bestand Rohstoffe	600,00-	EUR	
	4	S	51100000	Verbrauch Rohstoffe	600,00	EUR	1002761

Abbildung 4.12: Buchhaltungsbeleg

Die bebuchten Sachkonten werden über die *Kontenfindung MM* ermittelt, die in der Transaktion *OBYC* gepflegt ist, wie Abbildung 4.13 und Abbildung 4.14 zeigen. Hier haben wir für die entsprechenden Bewertungsklassen unserer beiden Rohstoffe jeweils ein Bilanz- und GuV-Konto hinterlegt.

Kontenplan: ZINT Kontenplan Theis/Eifler
Vorgang: BSX Bestandsbuchung

Kontenzuordnung

Bewertungs...	Bewertungs...	Konto
	3000	13100000

Abbildung 4.13: Bilanzkontenfindung Warenausgänge

In der Bilanz wird auf den Bestandskonten der Warenabgang vom Lager im Haben gebucht. In der GuV erfolgt die Buchung des Aufwands auf den Verbrauchskonten im Soll.

Die Bewertungsklasse haben wir im Materialstamm hinterlegt, wie bereits in Abschnitt 2.2.1 dargestellt und erklärt.

Kontenplan: ZINT Kontenplan Theis/Eifler

Vorgang: GBB Gegenbuchung zur Bestandsbuchung

Kontenzuordnung

Bewertungs...	Allg. Modifik...	Bewertungs...	Soll	Haben
	VBR	3000	51100000	51100000

Abbildung 4.14: GuV-Kontenfindung Warenausgänge

Da bei den Verbrauchsbuchungen Sachkonten angesprochen werden, die wir auch als Kostenarten angelegt haben (vgl. Abbildung 2.8), wird außerdem ein *Kostenrechnungsbeleg* für das Controlling erzeugt (siehe Abbildung 4.15). Das CO-Objekt ist unser Fertigungsauftrag.

CO-Objekt

Bei Buchungen auf Kostenarten muss immer ein CO-Objekt angegeben werden.

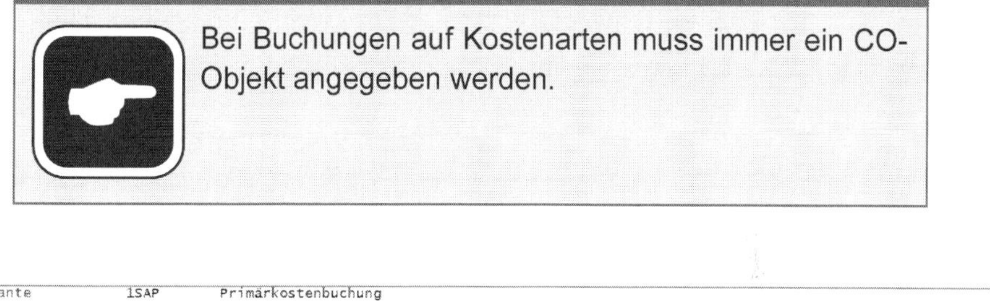

nzeigevariante 1SAP Primärkostenbuchung
.Währung EUR EUR
ewertungssicht/Gruppe 0 Legale Bewertung

Belegnr / BuZ	Belegdatum / OAr Objekt	Belegkopftext / Objektbezeichnung	Kostenart	RT / Kostenartenbezeichn.	RefBelegnr / Wert/KWähr	Benutzer / Menge erfaßt gesamt	GME	G	Gegenkonto
A0001TZ500	02.08.2019			R	4900025812	THEIS			
1	AUF 1002761	Fertigprodukt 1	51100000	Verbrauch Rohstoffe	400,00	1	ST	M	13100000
2	AUF 1002761	Fertigprodukt 1	51100000	Verbrauch Rohstoffe	800,00	2	ST	M	13100000

Abbildung 4.15: Kostenrechnungsbeleg

Ein letzter Rechnungswesenbeleg ist der *Material-Ledger-Beleg* (siehe Abbildung 4.16).

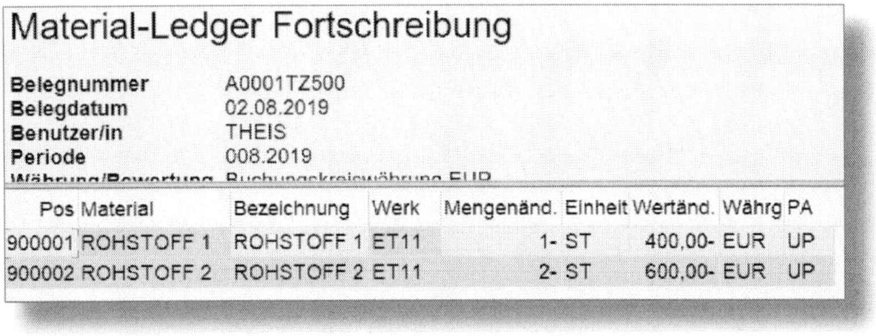

Material-Ledger Fortschreibung

Belegnummer A0001TZ500
Belegdatum 02.08.2019
Benutzer/in THEIS
Periode 008.2019
Währung/Bewertung Buchungskreiswährung EUR

Pos	Material	Bezeichnung	Werk	Mengenänd.	Einheit	Wertänd.	Währg	PA
900001	ROHSTOFF 1	ROHSTOFF 1	ET11	1-	ST	400,00-	EUR	UP
900002	ROHSTOFF 2	ROHSTOFF 2	ET11	2-	ST	600,00-	EUR	UP

Abbildung 4.16: Material-Ledger-Beleg

Was ist der Zweck des Material-Ledgers und welche Vorteile können Sie unter S/4HANA daraus ableiten?

Das Material-Ledger ist seit Release 1511 unter S/4HANA Pflicht. Allerdings ist es nicht erforderlich, alle vom Material-Ledger angebotenen Funktionen auch anzuwenden. Beispielsweise müssen Sie nicht die Istkalkulation aktivieren, dafür aber Materialien in verschiedenen Währungen (z. B. lokale Währung und Konzernwährung) führen! Die Tabellen des Material-Ledgers wurden mit S/4HANA in das Universal Journal integriert und können direkt, beispielsweise in Kombination mit den Merkmalen der buchhalterischen Ergebnisrechnung, ausgelesen werden.

Um das Material-Ledger, das im Prinzip nichts anderes als ein Materialnebenbuch ist, nutzen zu können, muss es zunächst aktiviert werden. Dazu sind im Customizing diverse Arbeiten zu verrichten (siehe Abbildung 4.17).

Wir wollen an dieser Stelle nicht auf jeden Punkt einzeln eingehen, vieles spricht auch für sich. Wir haben für unser Customizing das Material-Ledger *9300* unserem Bewertungskreis (Werk) *ET11* zugeordnet und aktiviert. Auf eine Besonderheit wollen wir aber hinweisen: Bei der Aktivierung können Sie für die Preisermittlung festlegen, ob Sie Ihre Preise vorgangsbezogen ermitteln wollen. In diesem Fall berechnen Sie z. B. Ihre Rohstoffe mit der Preissteuerung V (gleitender Durchschnittspreis) und Ihre Fertigmaterialien mit der Preissteuerung S (diese benötigen zur Bewertung dann eine Standardkalkulation). Alternativ können Sie aber auch festlegen, dass alle Materialen S-Preis-geführt werden sollen, indem Sie bei der Aktivierung des Material-Ledgers die Preisermittlung »3« wählen. Für unser Buch haben wir uns dazu entschieden, das Aktivierungskennzeichen »2« zu verwenden, also die Trennung in gleitende Durchschnittspreise und Standardpreise beizubehalten und keine Istkalkulationen durchzuführen (siehe Abbildung 4.18).

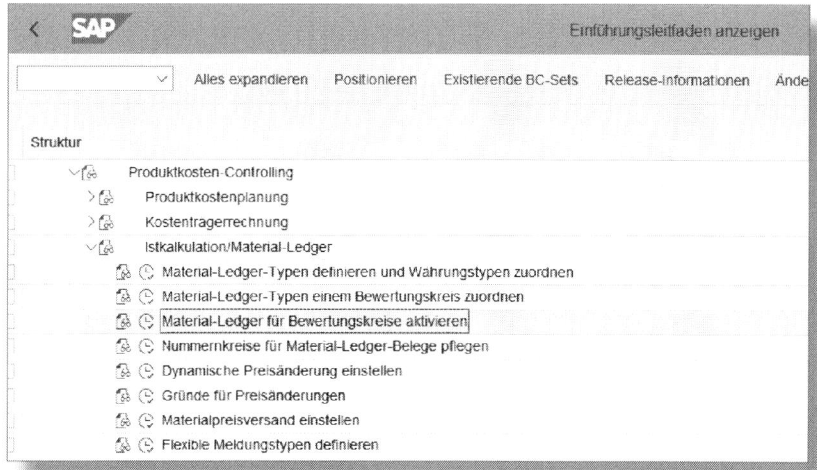

Abbildung 4.17: Customizingschritte zur Aktivierung des Material Ledgers

SAP Sicht "Material-Ledger-Aktivierung" ändern: Übersicht

Änderung widerrufen Alle markieren Block markieren Alle entmarkieren Konfigurationhilfe

Bewertungskreis	Buchungskreis	Mat...	Status	ML aktiv	Preisermittlung	PreiserSteuerung verbindlich im Bew...
ET11	ET11	9300	■	✓	2	☐

Abbildung 4.18 : Material-Ledger – Aktivierungskennzeichen »2«

Betrachten wir nun den Materialstamm unseres Fertigartikels FERT1, so sehen wir, dass das Material-Ledger AKTIV ist und dass die Preisermittlung VORGANGSBEZOGEN erfolgt (siehe Abbildung 4.19).

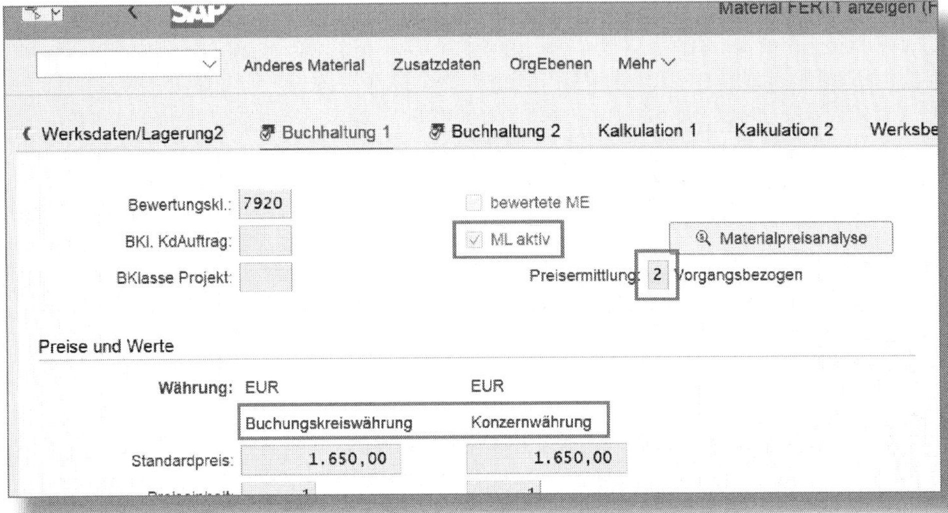

Abbildung 4.19: Aktiviertes Material-Ledger im Materialstamm

Außerdem interessant ist hier der Button MATERIALPREISANALYSE, den Sie im bisherigen SAP-ERP-System dort nicht gefunden haben. Gerade bei V-Preis-geführten Materialien, bei denen sich der gleitende Durchschnittspreis mit jedem Waren- oder Rechnungseingang ändert, kann über diese Funktion nun direkt nachvollzogen werden, wie dieser Preis ermittelt wurde.

Wenn wir jetzt die **Kostenanalyse** unseres Fertigungsauftrags betrachten, dann stellen wir fest, dass sich nach der Rückmeldung der Materialverbräuche nun neben der Spalte PLANKOSTEN auch die ersten Zeilen in der Spalte ISTKOSTEN gefüllt haben, und zwar genau mit unseren beiden Materialverbrauchsbuchungen, wie Abbildung 4.20 zeigt.

Vorgang	Herkunft	Kostenart	Herkunft (Text)	Plankosten gesamt	Istkosten gesamt	Währung
Warenausgänge	ET11/ROHSTO	51100000	ROHSTOFF 1	400,00	400,00	EUR
	ET11/ROHSTO	51100000	ROHSTOFF 2	600,00	600,00	EUR
Warenausgänge				**1.000,00**	**1.000,00**	**EUR**
Rückmeldungen	KS1/999	94311000	Produktion 1 / Personalstunden	500,00	0,00	EUR
Rückmeldungen				**500,00**	**0,00**	**EUR**
Zuschläge	KS3	94111000	Einkauf	50,00	0,00	EUR
	KS4	94112000	Produktionsleitung	100,00	0,00	EUR
Zuschläge				**150,00**	**0,00**	**EUR**
Wareneingang	ET11/FERT1	55100000	Fertigprodukt 1	1.650,00-	0,00	EUR
Wareneingang				**1.650,00-**	**0,00**	**EUR**
				0,00	**1.000,00**	**EUR**

Abbildung 4.20: Kostenanalyse Fertigungsauftrag

Die Rohstoffverbräuche für unseren Fertigungsauftrag haben Buchhaltungs- und Kostenrechnungsbelege erzeugt. Genau diese Buchungen haben wir in unserem Werteflussschaubild FI/CO/CO-PA dargestellt (siehe Abbildung 4.21).

		Kostenstelle	Fertigungsauftrag	Kalkulatorische Ergebnisrechnung			Buchhalterische Ergebnisrechnung unter S/4HANA	
GuV	**Wert**	**Wert**	**Wert**	**DB-Struktur**	**Ist-Wert**	**Kalk. Werte**	**DB-Struktur**	**Wert**
Umsatz								
Umsatzerlöse				Bruttoumsatz			Bruttoumsatz	
Erlösschmälerungen				Rabatte			Rabatte	
Bestandsveränderungen				Fakturaumsatz	0		Fakturaumsatz	0
WE Fertige Erzeugnisse								
WE Fertige Erzeugnisse								
WA Fertige Erzeugnisse				Kosten des WA			Kosten des WA	
KdU Material							KdU Material	
KdU MGK							KdU MGK	
KdU Fertigung							KdU Fertigung	
KdU FertGK							KdU FertGK	
Produktionsabweichung				Produktionsabw.			Produktionsabw.	
Pr Diff QTYV				Preisdifferenz PRIV			Preisdifferenz PRIV	
Pr Diff INPV				Preisdifferenz QTYV			Preisdifferenz QTYV	
				Preisdifferenz INPV			Preisdifferenz INPV	
Materialaufwand								
Verbrauch Rohstoffe	1.000		1.000	Materialeinsatz				
MGK				MGK				
Personalaufwand								
Personalstunden				Fertigungskosten				
FGK				FGK				
Löhne Produktion	1.500	1.500						
Gehalt Prod.Ltg.	1.000	1.000		Deckungsbeitrag	0		Deckungsbeitrag	0
Löhne Einkauf	1.000	1.000						
Sonstiges								
Umlage CCA->CO-PA				Umlagen			Umlagen	
Ergebnis	4.500	3.500	1.000	Ergebnis	0		Ergebnis	0

Abbildung 4.21: Wertefluss FI/CO/CO-PA (I)

4.2.2 Rückmeldungen

Rufen wir uns auch hier noch mal die relevanten Informationen aus Abschnitt 2.2.2 in Erinnerung. Die Rückmeldungen bzw. die Personalkosten ergeben sich aus den erbrachten Personalstunden multipliziert mit dem zugrunde gelegten Tarif. Wir haben einen Tarif von *5 EUR* auf der Kostenstelle *KS1* und der Leistungsart *999* mit der Transaktion *KP26* geplant.

Wie wir ebenfalls bereits wissen, haben wir im **Arbeitsplan** unseres FertigProdukts *FERT1* hinterlegt, dass wir *100 Stunden* zur Herstellung an Arbeitsplatz PROD benötigen. Mit diesen Stunden haben wir auch die Herstellkosten kalkuliert.

In unserem Beispiel gehen wir nun für die Rückmeldungen der benötigten Arbeitszeiten davon aus, dass wir nicht 100, sondern *160 Stunden* für die Herstellung benötigen. Wir werden also an dieser Stelle eine Abweichung zur Standardkalkulation erzeugen.

Abweichung Standardkalkulation

In der Praxis ist es normal, dass Ist-Werte von der Standardkalkulation abweichen. So können etwa die Rohstoffpreise während eines Jahres ständig variieren, oder es wird einfach mehr Zeit benötigt, um ein Produkt herzustellen.

Als Resultat ergeben sich aus der Rückmeldung der Personalstunden diese drei Belege:

- Rückmeldungsbeleg
- Kostenrechnungsbeleg
- Buchhaltungsbeleg

Wie bereits geschildert, haben wir 160 Stunden auf den Fertigungsauftrag zurückgemeldet. Genau diese *160* geleisteten Personalstunden finden wir auch im Rückmeldungsbeleg wieder (siehe Abbildung 4.22).

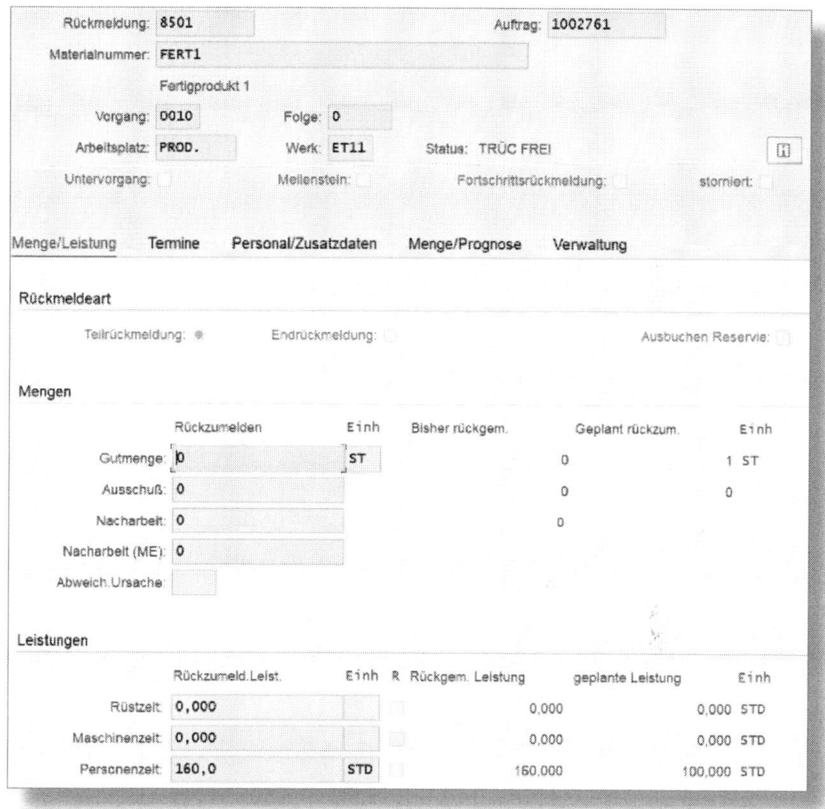

Abbildung 4.22: Rückmeldungsbeleg

Da die Rückmeldung, bzw. die Entlastung der Kostenstelle KS1 und Belastung unseres Fertigungsauftrags FERT1 das Controlling betreffen, wird ein Kostenrechnungsbeleg erzeugt (siehe Abbildung 4.23). Die Buchung (auch als *Interne Leistungsverrechnung* bezeichnet) erfolgt auf der sekundären Kostenart *943111000 – Personalstunden* Der Wert von *800 EUR* ergibt sich aus der Multiplikation der *160 Stunden* mit 5 EUR aus der Kostenstellentarifplanung.

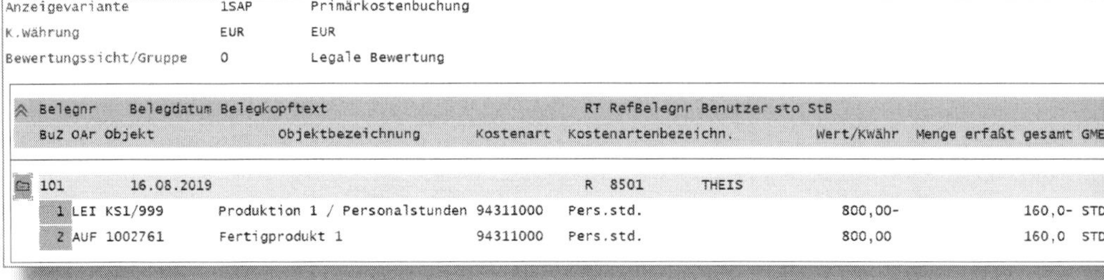

Anzeigevariante	1SAP	Primärkostenbuchung
K.Währung	EUR	EUR
Bewertungssicht/Gruppe	0	Legale Bewertung

Belegnr	Belegdatum	Belegkopftext		RT	RefBelegnr	Benutzer	sto	StB	
BuZ OAr Objekt		Objektbezeichnung	Kostenart	Kostenartenbezeichn.			Wert/KWähr	Menge erfaßt gesamt	GME
101	16.08.2019			R	8501	THEIS			
1 LEI KS1/999		Produktion 1 / Personalstunden	94311000	Pers.std.			800,00-	160,0-	STD
2 AUF 1002761		Fertigprodukt 1	94311000	Pers.std.			800,00	160,0	STD

Abbildung 4.23: Kostenrechnungsbeleg

Echtzeitintegration nicht mehr erforderlich

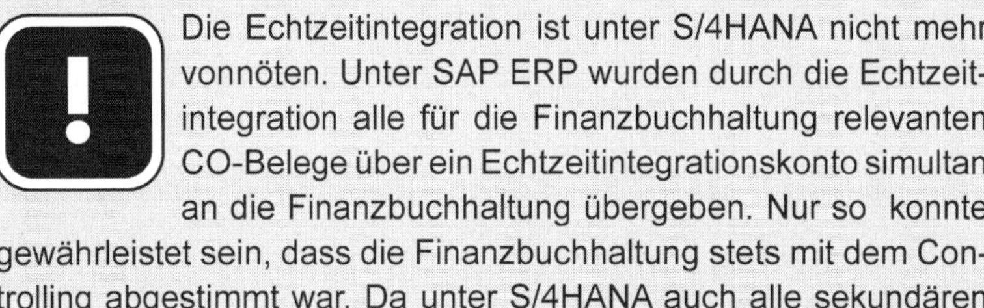

Die Echtzeitintegration ist unter S/4HANA nicht mehr vonnöten. Unter SAP ERP wurden durch die Echtzeitintegration alle für die Finanzbuchhaltung relevanten CO-Belege über ein Echtzeitintegrationskonto simultan an die Finanzbuchhaltung übergeben. Nur so konnte gewährleistet sein, dass die Finanzbuchhaltung stets mit dem Controlling abgestimmt war. Da unter S/4HANA auch alle sekundären Kostenarten als Sachkonten angelegt sind, werden Buchungen auf diesen sekundären Kostenarten automatisch an die Finanzbuchhaltung bzw. in das Universal Journal übergeben.

Betrachten wir jetzt die Kostenanalyse unseres Fertigungsauftrags erneut, so stellen wir fest, dass wir weiteren Zuwachs in der Spalte Istkosten bekommen haben: Die Zeile Rückmeldungen hat sich mit einem Wert gefüllt. Dies ist genau der Wert, der aus unserer internen Leistungsverrechnung der Personalstunden stammt (siehe Abbildung 4.24).

Auch diese Buchung wirkt sich auf unseren Wertefluss FI/CO/CO-PA aus (siehe Abbildung 4.25). Wir haben die Kostenstelle *KS1* mit *800 EUR* entlastet und unseren Fertigungsauftrag mit den *800 EUR* belastet (160 Stunden multipliziert mit 5 EUR).

rgang	Herkunft	Kostenart	Herkunft (Text)	Σ Plankosten gesamt	Σ Istkosten gesamt	Währung
renausgänge	ET11/ROHSTOFF 1	51100000	ROHSTOFF 1	400,00	400,00	EUR
	ET11/ROHSTOFF 2	51100000	ROHSTOFF 2	600,00	600,00	EUR
renausgänge				• 1.000,00 •	1.000,00	EUR
ckmeldungen	KS1/999	94311000	Produktion 1 / Personalstunden	500,00	800,00	EUR
ckmeldungen				• 500,00 •	800,00	EUR
schläge	KS3	94111000	Einkauf	50,00	0,00	EUR
	KS4	94112000	Produktionsleitung	100,00	0,00	EUR
schläge				• 150,00 •	0,00	EUR
reneingang	ET11/FERT1	55100000	Fertigprodukt 1	1.650,00-	0,00	EUR
reneingang				• 1.650,00- •	0,00	EUR
				•• 0,00 ••	1.800,00	EUR

Abbildung 4.24: Kostenanalyse Fertigungsauftrag

		Kostenstelle	Fertigungsauftrag	Kalkulatorische Ergebnisrechnung			Buchhalterische Ergebnisrechnung unter S/4HANA	
GuV	Wert	Wert	Wert	DB-Struktur	Ist-Wert	Kalk. Werte	DB-Struktur	Wert
nsatz								
Umsatzerlöse				Bruttoumsatz			Bruttoumsatz	
Erlösschmälerungen				Rabatte			Rabatte	
estandsveränderungen				Fakturaumsatz	0		Fakturaumsatz	0
WE Fertige Erzeugnisse								
WE Fertige Erzeugnisse								
WA Fertige Erzeugnisse				Kosten des WA			Kosten des WA	
KdU Material							KdU Material	
KdU MGK							KdU MGK	
KdU Fertigung							KdU Fertigung	
KdU FertGK							KdU FertGK	
Produktionsabweichung				Produktionsabw.			Produktionsabw.	
Pr Diff QTYV				Preisdifferenz PRIV			Preisdifferenz PRIV	
Pr Diff INPV				Preisdifferenz QTYV			Preisdifferenz QTYV	
				Preisdifferenz INPV			Preisdifferenz INPV	
aterialaufwand								
Verbrauch Rohstoffe	1.000		1.000	Materialeinsatz				
MGK				MGK				
rsonalaufwand								
Personalstunden		-800	800	Fertigungskosten				
FGK				FGK				
Löhne Produktion	1.500	1.500						
Gehalt Prod.Ltg.	1.000	1.000		Deckungsbeitrag	0		Deckungsbeitrag	0
Löhne Einkauf	1.000	1.000						
nstiges								
Umlage CCA->CO-PA				Umlagen			Umlagen	
gebnis	4.500	2.700	1.800	Ergebnis	0		Ergebnis	0

Abbildung 4.25: Wertefluss FI/CO/CO-PA (II)

4.2.3 Wareneingang

Wie wir im Abschnitt 2.2.2 beschrieben haben, wird der Wareneingang immer zum Standardpreis aus dem Materialstamm ans Lager gebucht. Um diesen Standardpreis zu ermitteln, haben wir eine Standardkalkulation durchgeführt und den durch die Kalkulation ermittelten Preis in das Feld STANDARDPREIS im Materialstamm unseres Fertigungs-Produkts FERT1 geschrieben. Abbildung 4.26 zeigt noch einmal den STANDARDPREIS im Materialstamm unseres Produkts *FERT1*. Ist dieses komplett produziert, erfolgt die Buchung ans Lager.

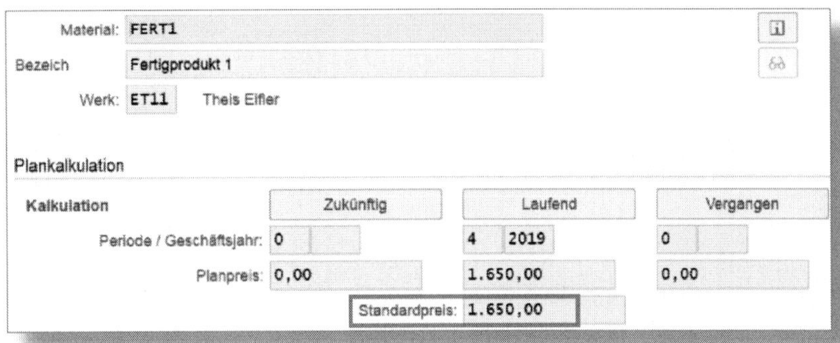

Abbildung 4.26: Standardpreis FERT1

Als Resultat erhalten wir wiederum vier Belege:

- Materialbeleg
- Buchhaltungsbeleg
- Kostenrechnungsbeleg
- Material-Ledger-Beleg

Wie schon bei den Rohstoffverbräuchen auf unseren Fertigungsauftrag, wird auch hier ein Materialbeleg erzeugt (siehe Abbildung 4.27) – es handelt sich ja schließlich um eine Warenbewegung. Unser Fertigprodukt *FERT1* wurde ans Lager gebucht und wartet nun darauf, geliefert und fakturiert zu werden.

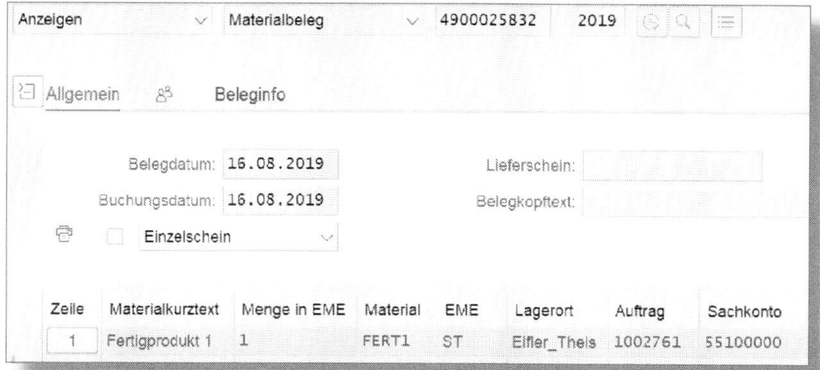

Abbildung 4.27: Materialbeleg

Die Wareneingangsbuchung ist ebenfalls eine für die Finanzbuchhaltung relevante Bewegung. Aus diesem Grund wird ein Buchhaltungsbeleg erzeugt (siehe Abbildung 4.28). Der Wareneingang wird auf Sachkonten verbucht.

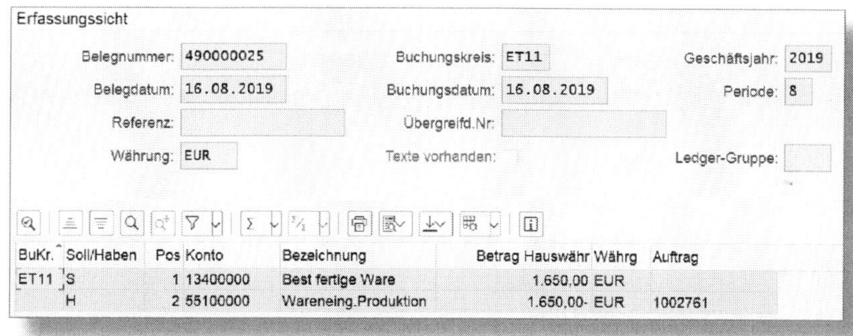

Abbildung 4.28: Buchhaltungsbeleg

Die relevanten Sachkonten werden, wie schon bei den Rohstoffverbräuchen, über die Kontenfindung MM ermittelt, die in der Transaktion *OBYC* gepflegt wird, was Abbildung 4.29 und Abbildung 4.30 zeigen.

Abbildung 4.29: Bilanzkontenfindung Wareneingang

Kontenplan: ZINT Kontenplan Theis/Eifler

Vorgang: GBB Gegenbuchung zur Bestandsbuchung

Kontenzuordnung

Bewertungs...	Allg. Modifik...	Bewertungs...	Soll	Haben
	AUF	7920	55100000	55100000

Abbildung 4.30: GuV-Kontenfindung Wareneingang

Auf dem Bestandskonto wird im SOLL der Wareneingang auf das Lager in der Bilanz gebucht. Im HABEN wird auf dem Verbrauchskonto die Bestandsveränderung in der GuV gebucht. Die Bewertungsklasse haben wir im Materialstamm des jeweiligen Rohstoffes hinterlegt, wie bereits in Abschnitt 2.2.1 dargestellt und erklärt. Dort hatten wir unserem Fertigprodukt die Bewertungsklasse *7920* zugeordnet.

Bei der Wareneingangsbuchung handelt es sich um eine Bestandsveränderung, die Auswirkungen auf die GuV hat. Wir haben das GuV-Konto *55100000* (Wareneingang Produktion) bebucht, welches wir auch als Kostenart angelegt haben. GuV-relevante Vorgänge wirken sich, wie bereits erwähnt, immer auch auf das Controlling aus. Aus diesem Grund wird bei der Wareneingangsbuchung ein Kostenrechnungsbeleg erzeugt (siehe Abbildung 4.31). Unser Fertigungsauftrag ist in diesem Fall unser CO-Objekt.

igevariante	1SAP	Primärkostenbuchung
hrung	EUR	EUR
rtungssicht/Gruppe	0	Legale Bewertung

Belegnr	Belegdatum	Belegkopftext			RT	RefBelegnr	Benutzer	sto	StB		
BuZ OAr	Objekt	Objektbezeichnung	Kostenart	Kostenartenbezeichn.		Wert/KWähr		Menge erfaßt gesamt	GME	G	Gegenkonto
A0001U7F00	16.08.2019				R	4900025832	THEIS				
2 AUF	1002761	Fertigprodukt 1	55100000	Wareneing.Produktion		1.650,00-		1-	ST	M	13400000

Abbildung 4.31: Kostenrechnungsbeleg

Ein Material-Ledger-Beleg wird zusätzlich erzeugt (siehe Abbildung 4.32).

Material-Ledger Fortschreibung

Belegnummer A0001U7F00
Belegdatum 16.08.2019
Benutzer/in THEIS
Periode 008.2019
Währung/Bewertung Buchungskreiswährung EUR

Pos	Material	Materialkurztext	Werk	Mengenänd.	Einheit	Wertänd.	Währg	PA
900001	FERT1	Fertigprodukt 1	ET11	1	ST	1.650,00	EUR	UP

Abbildung 4.32: Material-Ledger-Beleg

Betrachten wir nach der erfolgten Wareneingangsbuchung unsere Kostenanalyse. Wie wir in Abbildung 4.33 feststellen, ist auch die Zeile WARENEINGANG durch unsere Buchung gefüllt worden.

organg	Herkunft	Kostenart	Herkunft (Text)	Σ	Plankosten gesamt	Σ	Istkosten gesamt	Währung
Varenausgänge	ET11/ROHSTO	51100000	ROHSTOFF 1		400,00		400,00	EUR
	ET11/ROHSTO	51100000	ROHSTOFF 2		600,00		600,00	EUR
Varenausgänge				•	**1.000,00**	•	**1.000,00**	**EUR**
ückmeldungen	KS1/999	94311000	Produktion 1 / Personalstunden		500,00		800,00	EUR
ückmeldungen				•	**500,00**	•	**800,00**	**EUR**
uschläge	KS3	94111000	Einkauf		50,00		0,00	EUR
	KS4	94112000	Produktionsleitung		100,00		0,00	EUR
uschläge				•	**150,00**	•	**0,00**	**EUR**
Vareneingang	ET11/FERT1	55100000	Fertigprodukt 1		1.650,00-		1.650,00-	EUR
Vareneingang				•	**1.650,00-**	•	**1.650,00-**	**EUR**
				••	**0,00**	••	**150,00**	**EUR**

Abbildung 4.33: Kostenanalyse Fertigungsauftrag

Wie sich die Wareneingangsbuchung auf unseren Wertefluss FI/CO/CO-PA auswirkt, sehen Sie in Abbildung 4.34.

		Kostenstelle	Fertigungsauftrag	Kalkulatorische Ergebnisrechnung			Buchhalterische Ergebnisrechnung unter S/4HANA	
GuV	Wert	Wert	Wert	DB-Struktur	Ist-Wert	Kalk. Werte	DB-Struktur	Wert
Umsatz								
Umsatzerlöse				Bruttoumsatz			Bruttoumsatz	
Erlösschmälerungen				Rabatte			Rabatte	
Bestandsveränderungen				Fakturaumsatz	0		Fakturaumsatz	0
WE Fertige Erzeugnisse	-1.650		-1.650					
WE Fertige Erzeugnisse								
WA Fertige Erzeugnisse				Kosten des WA			Kosten des WA	
KdU Material							KdU Material	
KdU MGK							KdU MGK	
KdU Fertigung							KdU Fertigung	
KdU FertGK							KdU FertGK	
Produktionsabweichung				Produktionsabw.			Produktionsabw.	
Pr Diff QTYV				Preisdifferenz PRIV			Preisdifferenz PRIV	
Pr Diff INPV				Preisdifferenz QTYV			Preisdifferenz QTYV	
				Preisdifferenz INPV			Preisdifferenz INPV	
Materialaufwand								
Verbrauch Rohstoffe	1.000		1.000	Materialeinsatz				
MGK				MGK				
Personalaufwand								
Personalstunden		-800	800	Fertigungskosten				
FGK				FGK				
Löhne Produktion	1.500	1.500						
Gehalt Prod.Ltg.	1.000	1.000		Deckungsbeitrag	0		Deckungsbeitrag	0
Löhne Einkauf	1.000	1.000						
Sonstiges								
Umlage CCA->CO-PA				Umlagen			Umlagen	
Ergebnis	2.850	2.700	150	Ergebnis	0		Ergebnis	0

Abbildung 4.34: Wertefluss FI/CO/CO-PA (III)

Die Spalte FERTIGUNGSAUFTRAG zeigt nun exakt das Bild, das wir soeben in der Kostenanalyse gesehen haben: Neben den bereits gebuchten Rohstoffverbräuchen und Personalkosten ist jetzt auch die Buchung des Wareneingangs zu erkennen, die neben dem Fertigungsauftrag als Kontierungsobjekt im Controlling Auswirkung auf die GuV hat.

An dieser Stelle ist der Produktionsprozess beendet. Unser Fertigprodukt FERT1 ist hergestellt und steht am Lager zum Verkauf bereit.

Um unseren Fertigungsauftrag kostentechnisch abschließen zu können, müssen wir noch zwei Vorgänge durchführen, die im Rahmen des Monatsabschlusses erledigt werden. Es handelt sich um die *Ist-Zuschlagskalkulation* und die *Abrechnung der Abweichungen* unseres Fertigungsauftrags. Diese beiden Vorgänge werden wir uns im nächsten Abschnitt im Detail ansehen.

4.3 (Monats-)Abschluss Fertigungsauftrag

4.3.1 Zuschläge kalkulieren

Als ersten Schritt im Abschlussprozess führen wir unsere Zuschlagskalkulation aus, um unseren Fertigungsauftrag anhand der gebuchten Rohstoffverbräuche und Personalstunden mit den entsprechenden Materialgemeinkosten und Fertigungsgemeinkosten zu belasten.

Die Buchung der *Ist-Zuschläge* ist nun ganz eindeutig CO-Territorium, d. h., die Ist-Zuschläge werden aktiv über den Controller angestoßen. Die bis jetzt gebuchten Vorgänge »Warenausgangsbuchung«, »Rückmeldung der Personalstunden« und »Wareneingangsbuchung« haben zwar Auswirkungen auf den Finanz- und Controllingbereich, werden aber von Produktionsmitarbeitern ausgeführt. Dies haben wir mit der Transaktion *CO11N* erledigt.

Die Ist-Zuschlagskalkulation wird normalerweise im Rahmen des Monatsabschlusses für alle Fertigungsaufträge mit Ist-Buchungen durchgeführt. Auch wir werden sie für unseren Fertigungsauftrag an dieser Stelle anwenden, um dann alle Istkosten vollständig auf dem Produktionsauftrag verbucht zu haben.

Rufen wir uns noch mal einige Informationen bezüglich des Kalkulationsschemas aus Abschnitt 2.2.2 in Erinnerung (Ihnen wird wahrscheinlich langsam klar, warum wir am Anfang unseres Buches so auf die erforderlichen Voraussetzungen wie Artikelstammdaten und Materialkalkulationen gepocht haben). Hier hatten wir bereits den Aufbau unseres Kalkulationsschemas dargestellt.

Wir haben zwei Zuschläge definiert: den Material- und den Fertigungsgemeinkostenzuschlag. Die Definitionen sehen folgendermaßen aus:

Materialgemeinkostenzuschlag

- Basis: Materialverbrauchskonten 51100000 (Rohstoff 1) und (Rohstoff 2)

- Zuschlagssatz: 5 %
- Entlastungskostenstelle KS3 (Einkauf)

Fertigungsgemeinkostenzuschlag

- Basis: Konto 94311000 (Personalstunden)
- Zuschlagssatz: 20 %
- Entlastungskostenstelle KS4 (Produktionsleitung)

Die Ist-Zuschlagskalkulation führen wir für unser überschaubares Beispiel mit der Transaktion *KGI2* (Einzelverarbeitung Zuschläge) aus. Diese Transaktion ermöglicht es uns, die Zuschläge auf genau einen Produktionsauftrag zu berechnen (siehe Abbildung 4.35). Alternativ kann man auch die folgende App verwenden:

Ist-Zuschläge Monatsabschluss

Im Monatsabschluss würde man die Zuschläge für jeden Produktionsauftrag nicht einzeln durchführen, sondern mit der Massentransaktion *CO43* (Sammelverarbeitung Zuschläge) arbeiten. Hier wählt man das entsprechende Werk aus, und SAP kalkuliert und bucht zu jedem relevanten Fertigungsauftrag die entsprechenden Ist-Zuschläge. Auch hierfür steht alternativ einen Fiori-App zur Verfügung:

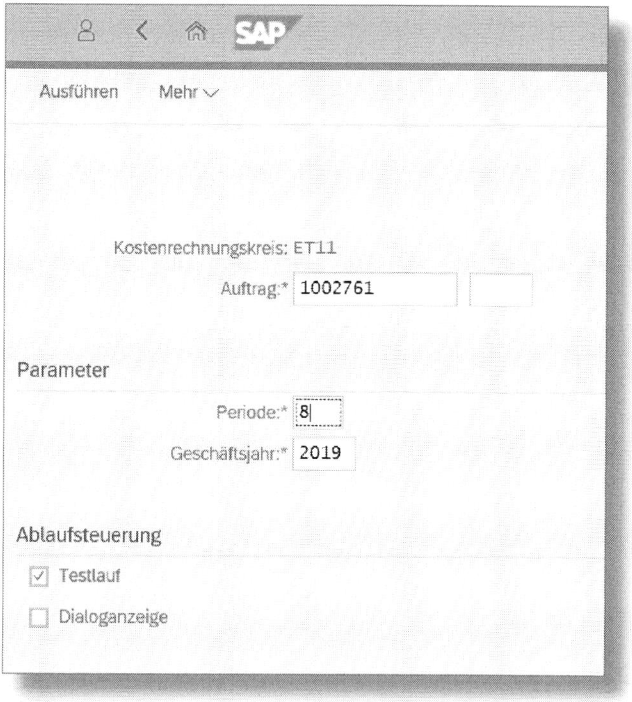

Abbildung 4.35: KGI2 – Ist-Zuschläge ausführen

Wir wählen unseren Fertigungsauftrag *1002761* aus, geben zusätzlich die entsprechende BuchungsPERIODE sowie das GESCHÄFTSJAHR mit und können sodann die Ist-Zuschlagskalkulation ausführen. Sie können zunächst einen Probelauf für die Berechnung vornehmen, indem Sie die Checkbox TESTLAUF auswählen. Entfernen Sie den Haken, bucht SAP die entsprechenden Zuschläge auf den Fertigungsauftrag, oder genauer gesagt, die im Kalkulationsschema hinterlegten Kostenstellen werden um den prozentualen Zuschlagssatz entlastet und unser Fertigungsauftrag entsprechend belastet.

Abbildung 4.36 zeigt das Resultat unserer Berechnung.

Belastungen

Sender	Empfänger	Kostenart	Σ	Wert/OWähr
KST KS3	AUF 1002761	94111000		50,00
KST KS4		94112000		160,00
			•	**210,00**

Abbildung 4.36: KGI2 – Ergebnis Ist-Zuschlagskalkulation

Es sind zwei Zeilen abgebildet, wobei die erste Zeile den Materialgemeinkostenzuschlag von 5 Prozent auf 1.000 EUR Rohstoffeinsatz und die zweite den Fertigungsgemeinkostenzuschlag von 20 % auf 800 EUR darstellt.

Sehen wir uns die erzeugten Belege aus dieser Ist-Zuschlagsberechnung an:

- Kostenrechnungsbeleg und
- Buchhaltungsbeleg.

Es wird ein Kostenrechnungsbeleg erzeugt (siehe Abbildung 4.37). Demnach hat die Zuschlagskalkulation Auswirkungen auf das Controlling. Durch diese Zuschläge werden unsere Gemeinkosten wie *Einkauf und Produktionsleitung* auf den entsprechenden Kostenstellen entlastet, und unser Fertigungsauftrag wird mit den prozentualen Zuschlägen belastet. Wie schon bei der Rückmeldung der Personalstunden, handelt es sich bei den Zuschlägen um eine sekundäre Buchung innerhalb des Controllings. Die genutzten sekundären Kostenarten *94111000* (Zuschlag Material) und *94112000* (Zuschlag Fertigung) hatten wir in unserem Kalkulationsschema *ZZUSCH* hinterlegt (vgl. Abschnitt 2.2.2).

Gleichzeitig wird bei unserer Ist-Zuschlagkalkulation ein Buchhaltungsbeleg erzeugt (siehe Abbildung 4.38) wiederum das gleiche Prinzip wie bei den Rückmeldungen der Personalstunden.

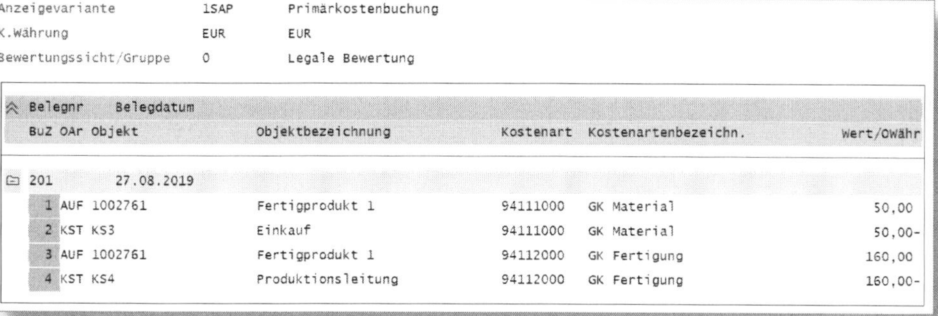

Anzeigevariante	1SAP	Primärkostenbuchung
K.Währung	EUR	EUR
Bewertungssicht/Gruppe	0	Legale Bewertung

Belegnr / BuZ	OAr	Objekt / Belegdatum	Objektbezeichnung	Kostenart	Kostenartenbezeichn.	Wert/OWähr
201		27.08.2019				
1	AUF	1002761	Fertigprodukt 1	94111000	GK Material	50,00
2	KST	KS3	Einkauf	94111000	GK Material	50,00-
3	AUF	1002761	Fertigprodukt 1	94112000	GK Fertigung	160,00
4	KST	KS4	Produktionsleitung	94112000	GK Fertigung	160,00-

Abbildung 4.37: Kostenrechnungsbeleg

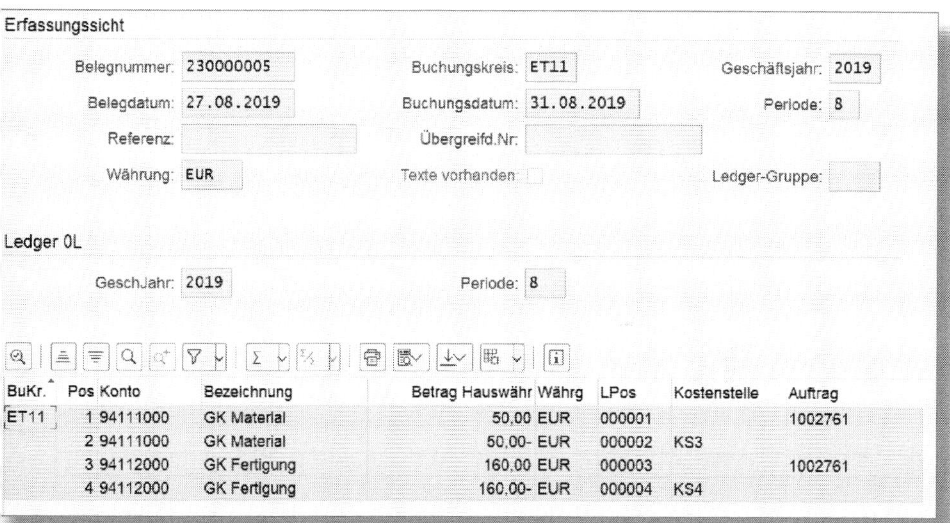

Erfassungssicht

Belegnummer: 230000005 Buchungskreis: ET11 Geschäftsjahr: 2019

Belegdatum: 27.08.2019 Buchungsdatum: 31.08.2019 Periode: 8

Referenz: Übergreifd.Nr:

Währung: EUR Texte vorhanden: Ledger-Gruppe:

Ledger 0L

GeschJahr: 2019 Periode: 8

BuKr.	Pos	Konto	Bezeichnung	Betrag Hauswähr	Währg	LPos	Kostenstelle	Auftrag
ET11	1	94111000	GK Material	50,00	EUR	000001		1002761
	2	94111000	GK Material	50,00-	EUR	000002	KS3	
	3	94112000	GK Fertigung	160,00	EUR	000003		1002761
	4	94112000	GK Fertigung	160,00-	EUR	000004	KS4	

Abbildung 4.38: Buchhaltungsbeleg Zuschläge

Wenden wir uns erneut der Kostenanalyse unseres Fertigungsauftrags zu. Wie wir in Abbildung 4.39 sehen, sind nun alle Zeilen in der Spalte Istkosten gefüllt. Das bedeutet, dass alle Istkosten auf unserem Fertigungsauftrag gebucht sind.

Vorgang	Herkunft	Kostenart	Herkunft (Text)	Σ	Plankosten gesamt	Istmenge gesamt	Σ	Istkosten gesamt
Warenausgänge	ET11/ROHSTO	51100000	ROHSTOFF 1		400,00	1		400,00
	ET11/ROHSTO	51100000	ROHSTOFF 2		600,00	2		600,00
Warenausgänge				•	1.000,00		•	1.000,00
Rückmeldungen	KS1/999	94311000	Produktion 1 / Personalstunden		500,00	160		800,00
Rückmeldungen				•	500,00		•	800,00
Zuschläge	KS3	94111000	Einkauf		50,00			50,00
	KS4	94112000	Produktionsleitung		100,00			160,00
Zuschläge				•	150,00		•	210,00
Wareneingang	ET11/FERT1	55100000	Fertigprodukt 1		1.650,00-	1-		1.650,00-
Wareneingang				•	1.650,00-		•	1.650,00-
				••	0,00		••	360,00

Abbildung 4.39: Kostenanalyse Fertigungsauftrag

Wir stellen fest, dass als Summe noch ein Rest von *360 EUR* übrig bleibt. Was es mit diesen verbliebenen Kosten auf sich hat bzw. welchen letzten Schritt wir noch durchführen müssen, werden wir gleich noch sehen.

Auch die Zuschlagskalkulation wirkt sich auf unseren Wertefluss aus (siehe Abbildung 4.40). Wir haben die Kostenstellen KS3 mit *50 EUR* und KS4 mit *160 EUR* entlastet sowie unseren FERTIGUNGSAUFTRAG mit jeweils *50 EUR* und *160 EUR* belastet.

		Kostenstelle	Fertigungsauftrag	Kalkulatorische Ergebnisrechnung			Buchhalterische Ergebnisrechnung unter S/4HANA	
GuV	**Wert**	**Wert**	**Wert**	**DB-Struktur**	**Ist-Wert**	**Kalk. Werte**	**DB-Struktur**	**Wert**
Umsatz								
Umsatzerlöse				Bruttoumsatz			Bruttoumsatz	
Erlösschmälerungen				Rabatte			Rabatte	
Bestandsveränderungen				Fakturaumsatz	0		Fakturaumsatz	0
WE Fertige Erzeugnisse	-1.650		-1.650					
WE Fertige Erzeugnisse								
WA Fertige Erzeugnisse				Kosten des WA			Kosten des WA	
KdU Material							KdU Material	
KdU MGK							KdU MGK	
KdU Fertigung							KdU Fertigung	
KdU FertGK							KdU FertGK	
Produktionsabweichung				Produktionsabw.			Produktionsabw.	
Pr Diff QTYV				Preisdifferenz PRIV			Preisdifferenz PRIV	
Pr Diff INPV				Preisdifferenz QTYV			Preisdifferenz QTYV	
				Preisdifferenz INPV			Preisdifferenz INPV	
Materialaufwand								
Verbrauch Rohstoffe	1.000		1.000	Materialeinsatz				
MGK		-50	50	MGK				
Personalaufwand								
Personalstunden		-800	800	Fertigungskosten				
FGK		-160	160	FGK				
Löhne Produktion	1.500	1.500						
Gehalt Prod.Ltg.	1.000	1.000		Deckungsbeitrag	0		Deckungsbeitrag	0
Löhne Einkauf	1.000	1.000						
Sonstiges								
Umlage CCA->CO-PA				Umlagen			Umlagen	
Ergebnis	2.850	2.490	360	Ergebnis	0		Ergebnis	0

Abbildung 4.40: Wertefluss FI/CO/CO-PA (IV)

4.3.2 Abweichung abrechnen

Wie versprochen folgt jetzt mit dem zweiten Schritt die Klärung und Handhabung der übrig gebliebenen 360 EUR auf dem Fertigungsauftrag. Es handelt sich hierbei um die *Abweichung* zwischen unseren gebuchten Istkosten und der Standardkalkulation bzw. den Sollkosten.

Werfen wir erneut einen Blick auf den aktuellen Stand der Istkosten-Spalte unserer Kostenanalyse in Abbildung 4.39.

Auf unserem Fertigungsauftrag haben wir zur Herstellung unseres Produkts *FERT1* Rohstoffe im Wert von *1.000 EUR* eingesetzt und Personalstunden im Wert von *800 EUR* verbucht. Zusätzlich haben wir den Fertigungsauftrag mit Materialgemeinkosten in Höhe von *50 EUR* und Fertigungsgemeinkosten in Höhe von *160 EUR* belastet. Somit betragen unsere Ist-Herstellkosten *2.010 EUR*, also genau die Summe aus den genannten Vorgängen.

Nach der Fertigstellung haben wir unser Produkt schließlich mittels Wareneingangsbuchung mit dem Wert von *1.650 EUR* auf das Lager gebucht. Im Abschnitt 2.2.2 haben wir bereits dargelegt, warum die Wareneingangsbuchung mit dem Standardpreis aus dem Materialstamm durchgeführt wird, der eben nun mal *1.650 EUR* beträgt.

Bilden wir die Differenz aus den Ist-Herstellkosten von *2.010 EUR* und der Wareneingangsbuchung von *1.650 EUR*, so ergibt sich genau der Betrag, den wir auf dem Fertigungsauftrag als Differenz sehen: *360 EUR*.

Diese sogenannte *Abweichung* zwischen den Ist-Herstellkosten und dem Standardpreis müssen wir nun abrechnen, um den Fertigungsauftrag komplett abschließen zu können.

Sowohl die Ermittlung als auch die Abrechnung der Abweichung sind – wie schon die Ist-Zuschlagskalkulation – reines CO-Territorium bzw. eine Monatsabschlusstätigkeit innerhalb des Controllings.

Voraussetzungen zur Ermittlung der Abweichung

Für die Abweichungsermittlung müssen die folgenden Voraussetzungen erfüllt sein:

1. Abweichungsschlüssel definieren

Für einen Fertigungsauftrag kann eine Abweichung nur ermittelt werden, wenn ein *Abweichungsschlüssel* im Fertigungsauftrag hinterlegt ist. Dieser wird über die Transaktion *OKV1* definiert. Er gibt an, ob bei der Abweichungsermittlung Ausschuss bestimmt werden soll und ob Einzelposten fortzuschreiben sind.

In der Transaktion *OKVW* erfolgt die Zuordnung des Abweichungsschlüssels zu einem Werk. Dadurch wird bei der Materialstammdatenanlage dieser Abweichungsschlüssel in der Kalkulationssicht vorgeschlagen. Bei der Anlage eines Fertigungsauftrags wird dann der Abweichungsschlüssel aus der Kalkulationssicht des Materials in den Fertigungsauftrag als *Defaultwert* übertragen.

In unserem Beispiel haben wir den Abweichungsschlüssel *ZP01* (Abweichungsermittlung Aufträge) angelegt und unserem Werk *ET11* als Vorschlagswert zugeordnet. Somit ist er bei der Materialstammdatenanlage für unser Fertigprodukt *FERT1* in der Kalkulationssicht 1 hinterlegt und wird automatisch bei der Anlage unseres Fertigungsauftrags in die Kopfdaten übernommen (siehe Abbildung 4.41).

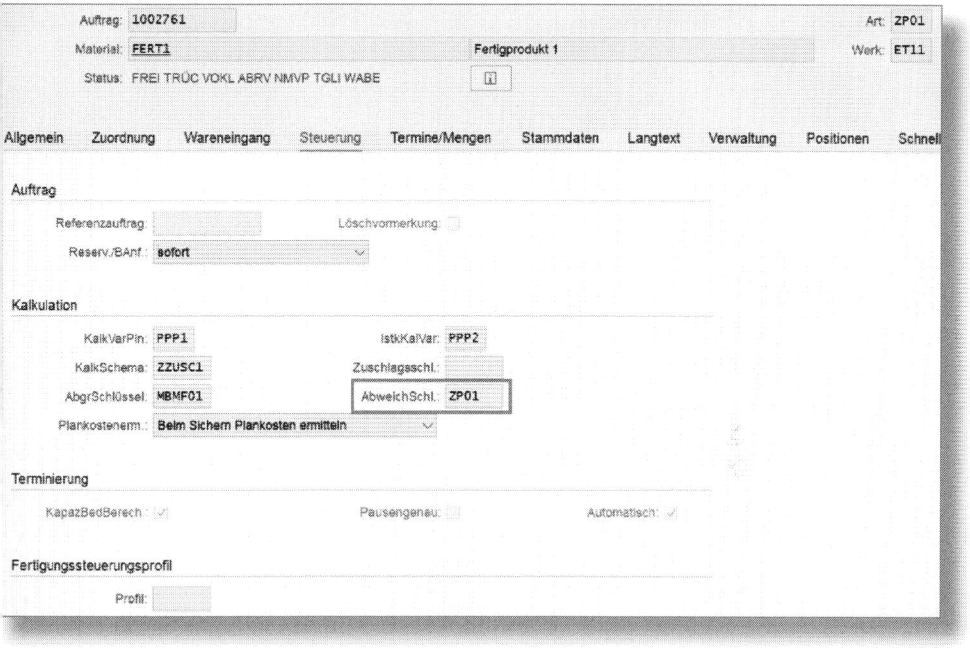

Abbildung 4.41: Abweichungsschlüssel im Fertigungsauftrag

2. Abweichungskategorien definieren

Die *Abweichungskategorien* werden in der *Abweichungsvariante* definiert. Die verschiedenen Abweichungskategorien gliedern die Gesamtabweichung nach ihrer Herkunft.

Folgende Abweichungskategorien stehen zur Verfügung:

- *Einsatzpreisabweichung*:
  Differenz zwischen geplanten und tatsächlichen Preisen von verbrauchten Rohstoffen, wenn sich der V-Preis geändert hat.
- *Einsatzmengenabweichung*:
  Differenz zwischen geplanten Mengen von Rohstoffen oder Fertigungsstunden und den tatsächlich benötigten Mengen.
- *Strukturabweichung*:
  bei Einsatz geänderter Ressourcen; es wird z. B. ein anderer Rohstoff verwendet als geplant.
- *Einsatzrestabweichung*:
  alle anderen Einsatzabweichungen, bspw. eine Differenz zwischen geplanten und tatsächlichen Zuschlägen, wenn sich die Basis geändert hat.
- *Verrechnungspreisabweichung*:
  bei Einsatz von Tarifen, die nicht über die Plantarifermittlung berechnet wurden.
- *Mischpreisabweichung*:
  fällt an, wenn das Fertigmaterial zu Mischpreisen bewertet wird (im Rahmen einer Mischkalkulation).
- *Losgrößenabweichung*:
  ergibt sich aus verschiedenen Losgrößen.
- *Restabweichung*:
  bei allen anderen Abweichungen, die keiner Kategorie zugeordnet werden können; vor allem, wenn keine der anderen Kategorien genutzt wird.

Welche Abweichungskategorien verwendet werden sollen, legen Sie mit der Transaktion *OKVG* fest (siehe Abbildung 4.42). Für unser Beispiel nutzen wir die Abweichungsvariante *STD* mit allen zur Verfügung stehenden Abweichungskategorien.

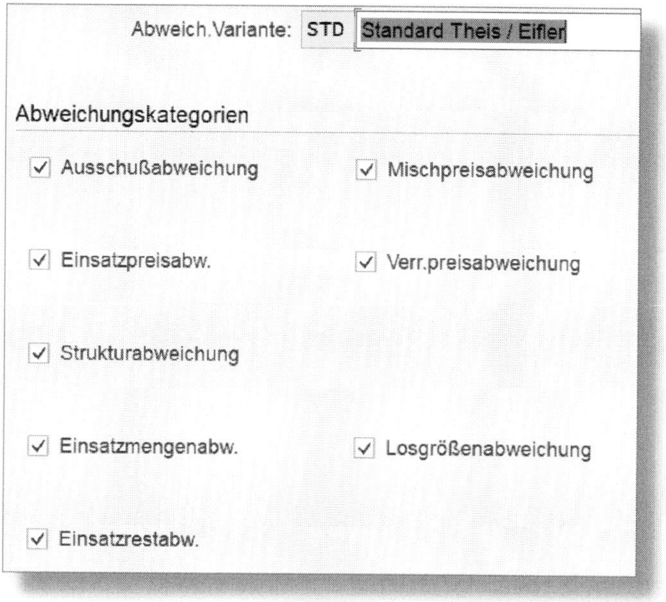

Abweich.Variante: STD Standard Theis / Eifler

Abweichungskategorien

☑ Ausschußabweichung ☑ Mischpreisabweichung

☑ Einsatzpreisabw. ☑ Verr.preisabweichung

☑ Strukturabweichung

☑ Einsatzmengenabw. ☑ Losgrößenabweichung

☑ Einsatzrestabw.

Abbildung 4.42: Abweichungskategorien

3. Sollversion definieren

Die *Sollversion* legt fest, welche Abweichung zu ermitteln ist. Sie steuert, welche Kosten als Soll- und welche als zu kontrollierende Kosten herangezogen werden. Die Definition erfolgt mit der Transaktion *OKV6*. Wir arbeiten mit der SOLLVERSION *0* (Gesamtabweichung). Die Abweichung ermittelt sich zwischen den Istkosten (zu kontrollierende Kosten) und der *laufenden Plankalkulation* (Sollkosten), die gleichzusetzen ist mit unserer am Anfang erstellten Standardkalkulation (siehe Abbildung 4.43). In der Sollversion ist zusätzlich unsere ABWEICHUNGSVARIANTE *STD* hinterlegt.

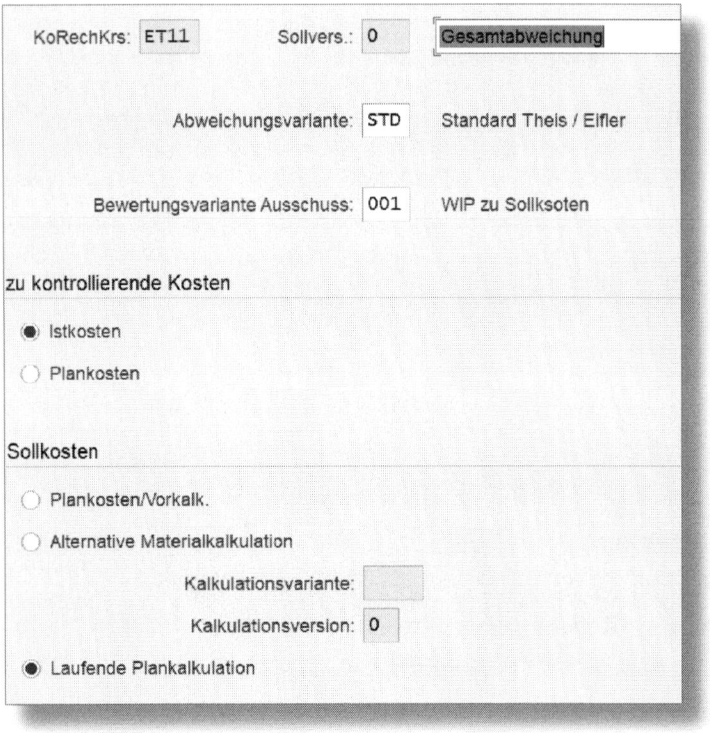

KoRechKrs: ET11 Sollvers.: 0 Gesamtabweichung

Abweichungsvariante: STD Standard Theis / Eifler

Bewertungsvariante Ausschuss: 001 WIP zu Sollksoten

zu kontrollierende Kosten

(●) Istkosten

( ) Plankosten

Sollkosten

( ) Plankosten/Vorkalk.

( ) Alternative Materialkalkulation

Kalkulationsvariante:

Kalkulationsversion: 0

(●) Laufende Plankalkulation

Abbildung 4.43: Sollversion »0«

Voraussetzungen zur Abrechnung der Abweichung

Für die Abrechnung der Abweichung müssen die folgenden Voraussetzungen erfüllt sein:

1. Abrechnungsprofil anlegen

Im *Abrechnungsprofil* legen wir fest, wohin unser Fertigungsauftrag abgerechnet werden soll. Da wir in unserem Fall die Abweichungen an CO-PA abrechnen möchten, ist es unerlässlich, dass wir im Abrechnungsprofil die Abrechnung von Abweichungen grundsätzlich erlauben. Die Definition des Abrechnungsprofils erfolgt im Customizing unter dem Pfad CONTROLLING • PRODUKTKOSTEN-CONTROLLING •

KOSTENTRÄGERRECHNUNG • AUFTRAGSBEZOGENES PRODUKTCONTROLLING • PERIODENABSCHLUSS • ABRECHNUNG • ABRECHNUNGSPROFIL ANLEGEN (siehe Abbildung 4.44).

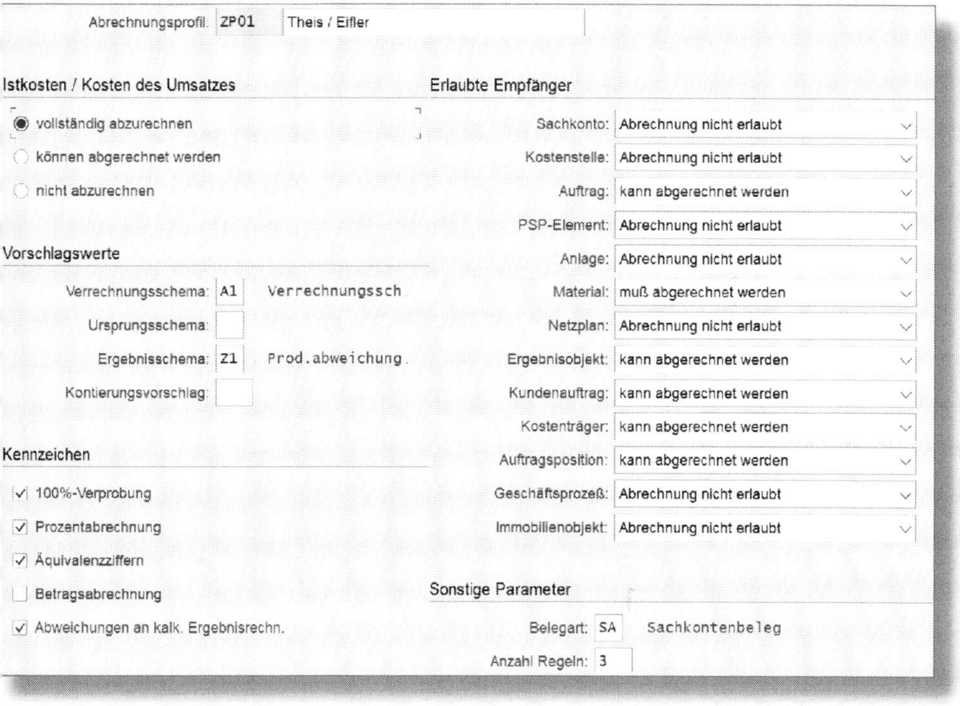

Abbildung 4.44: Abrechnungsprofil Fertigungsauftrag

Für unser Beispiel haben wir das ABRECHNUNGSPROFIL *ZP01* angelegt und unserer AUFTRAGSART *ZP01* zugeordnet, sodass diese Informationen bei der Anlage des Fertigungsauftrags automatisch übernommen werden.

Die Zuordnung des Abrechnungsprofils zur Auftragsart erfolgt im Customizing unter dem Pfad CONTROLLING • PRODUKTKOSTEN-CONTROLLING • KOSTENTRÄGERRECHNUNG • AUFTRAGSBEZOGENES PRODUKTCONTROLLING • PRODUKTIONSAUFTRÄGE • AUFTRAGSARTEN ÜBERPRÜFEN (siehe Abbildung 4.45).

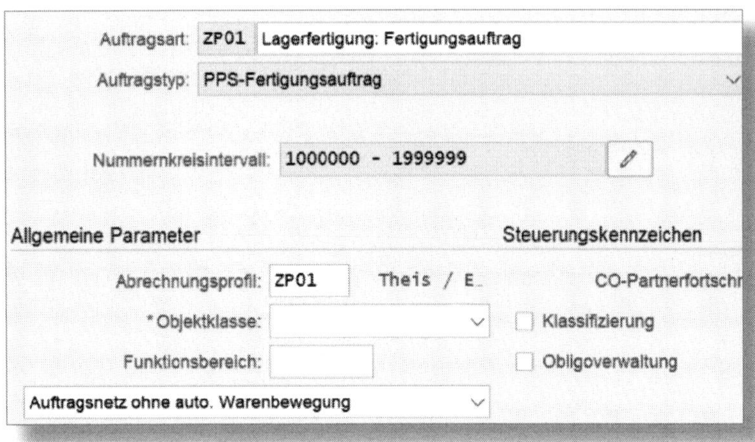

Abbildung 4.45: Auftragsart Produktion

2. Ergebnisschema anlegen

Im *Ergebnisschema* müssen wir nun festlegen, in welche *Wertfelder* im CO-PA die Abweichungen abgerechnet werden sollen. Das Ergebnisschema dient also dazu, die Verbindung zwischen Abweichungen und CO-PA herzustellen.

Dafür müssen wir jeder Abweichungskategorie ein Wertfeld zuordnen. Die Definition des Ergebnisschemas für die Abrechnung der Abweichungen erfolgt über die Transaktion *KEI1*.

Für unser Beispiel haben wir das Ergebnisschema *E1* angelegt, als Ursprung unsere Abweichungskategorien hinterlegt und diesen wiederum ein entsprechendes Wertfeld im CO-PA zugeordnet (siehe Abbildung 4.46). Dieses Ergebnisschema wird als Vorschlagswert im Abrechnungsprofil hinterlegt.

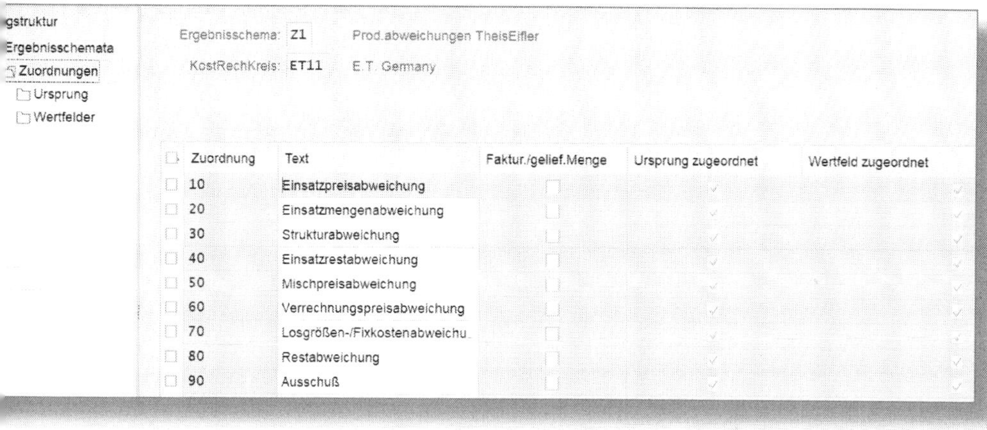

gstruktur
Ergebnisschemata
Zuordnungen
Ursprung
Wertfelder

Ergebnisschema: Z1 Prod.abweichungen TheisEifler

KostRechKreis: ET11 E.T. Germany

Zuordnung	Text	Faktur./gelief.Menge	Ursprung zugeordnet	Wertfeld zugeordnet
10	Einsatzpreisabweichung		✓	✓
20	Einsatzmengenabweichung		✓	✓
30	Strukturabweichung		✓	✓
40	Einsatzrestabweichung		✓	✓
50	Mischpreisabweichung		✓	✓
60	Verrechnungspreisabweichung		✓	✓
70	Losgrößen-/Fixkostenabweichu		✓	✓
80	Restabweichung		✓	✓
90	Ausschuß		✓	✓

Abbildung 4.46: Ergebnisschema Produktionsabweichung

3. Verrechnungsschema anlegen

Im *Verrechnungsschema* wird festgelegt, mit welchen sekundären *Abrechnungskostenarten* verschiedene *Ursprungskostenarten* eines Auftrags an andere *Empfängerobjekte* abgerechnet werden sollen. Da wir für die Abrechnung der Abweichungen an CO-PA kein Verrechnungsschema benötigen, gehen wir an dieser Stelle auch nicht näher darauf ein. Hier genügt einzig und allein das Ergebnisschema.

4. Abrechnungsvorschrift

Beim Anlegen eines Fertigungsauftrags mit einem bewerteten Material wird automatisch eine *Abrechnungsvorschrift* erzeugt, die besagt, dass die Abrechnung zu 100 Prozent auf das Material erfolgen soll. Die zweite Abrechnungsvorschrift (in unserem Fall an CO-PA) wird mit der ersten Abrechnung gemäß den Einstellungen im Ergebnisschema erzeugt. Aus dem Fertigungsauftrag (Transaktion *CO03*) können wir uns die Abrechnungsvorschrift über Kopf • Abrechnungsvorschrift anzeigen lassen. Abbildung 4.47 zeigt die erste Abrechnungsvorschrift unseres Fertigungsauftrags. Die zweite können wir uns mit Anklicken des Buttons Abrechn.Abweichungen ansehen.

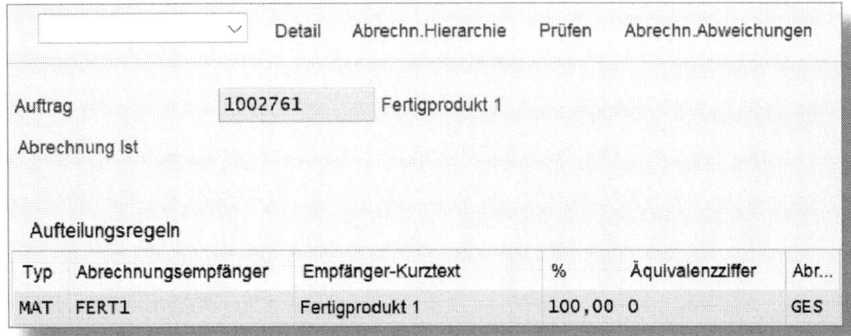

Detail Abrechn.Hierarchie Prüfen Abrechn.Abweichungen

Auftrag 1002761 Fertigprodukt 1

Abrechnung Ist

Aufteilungsregeln

Typ	Abrechnungsempfänger	Empfänger-Kurztext	%	Äquivalenzziffer	Abr...
MAT	FERT1	Fertigprodukt 1	100,00	0	GES

Abbildung 4.47: Abrechnungsvorschrift Material

Aus diesem Screen können wir über SPRINGEN • ABRECHNUNGSPARAMETER weiter in die *Abrechnungsparameter* verzweigen.

Dort finden wir einige automatisch über das Abrechnungsprofil gepflegte Angaben, die wir für die Abrechnung an CO-PA benötigen. Ganz entscheidend ist das ERGEBNISSCHEMA, das die Verbindung zwischen den Abweichungskategorien und CO-PA herstellt (siehe Abbildung 4.48).

Auftrag 1002761 Fertigprodukt 1

Parameter

Beschreibung:

Abrechnungsprofil: ZP01 Theis / Eifler

Verrechnungsschema: A1 Verrechnungsschema CO

Ergebnisschema: Z1 Prod.abweichungen TheisEifler

Ursprungsschema:

Bezugsdatum:

Hierarchienummer: 0

Strategiefolge:

Erfasst von: THEIS am: 26.06.2019

Letzter Änderer: THEIS am: 26.06.2019

Abbildung 4.48: Abrechnungsparameter

Abweichung ermitteln und abrechnen

Somit haben wir alle Voraussetzungen geschaffen, um die Abweichung unseres Fertigungsauftrags

- im ersten Schritt zu ermitteln
- und in einem zweiten Schritt abzurechnen.

Die Abweichung ermitteln wir für einen einzelnen Fertigungsauftrag mit der Transaktion *KKS2*. In einem Monatsabschlussprozess würden wir die Transaktion für die Verarbeitung mehrerer Fertigungsaufträge benutzen, die mit der Transaktion *KKS1* durchzuführen wäre.

Ebenso kann die Abrechnung entweder für einen einzelnen Fertigungsauftrag oder mittels Massentransaktion zur Abrechnung mehrerer Fertigungsaufträge erfolgen. Die Transaktion für die Einzelverarbeitung lautet *KO88*, für die Massenverarbeitung *CO88*.

Wie schon bei der Ist-Zuschlagsermittlung in Abschnitt 4.3.1, führen wir die Abweichungsermittlung und -abrechnung jeweils mit den Transaktionen für die Einzelverarbeitung durch, da uns ja der Wertefluss unseres Fertigungsauftrags interessiert.

Wenden wir uns also als Erstes der Bestimmung der Abweichung unseres Fertigungsauftrags mit der Transaktion *KKS2* zu. Abbildung 4.49 zeigt die zu pflegenden Selektionsparameter.

Als Selektionsparameter geben wir unseren FertigungsAUFTRAG sowie die PERIODE und das GESCHÄFTSJAHR mit. Des Weiteren wählen wir unsere SOLLVERSION *0*. In der Ablaufsteuerung können wir noch die Checkbox TESTLAUF setzen. Ist das Kennzeichen nicht gesetzt, wird das System die Transaktion sofort im Echtlauf ausführen. Außerdem wählen wir das Kennzeichen DETAILLISTEN, denn dadurch wird nach Ausführung der Transaktion eine Liste mit den zu verbuchenden Abweichungen erzeugt.

Auftrag: 1002761 Fertigprodukt 1

Parameter

Periode: 8

Geschäftsjahr: 2019

Alle Sollversionen: 000

Ausgewählte Sollversionen:

Ablaufsteuerung

Testlauf:

Detailliste:

Abbildung 4.49: Abweichungsermittlung

Nach Ausführung der Transaktion *KKS2* erhalten wir das Ergebnis der Abweichungsermittlung für unseren Fertigungsauftrag (siehe Abbildung 4.50).

Werk	Kostenträger	Sollkosten	Istkosten	Abweichung
ET1	AUF 1002761	1.650,00	2.010,00	360,00

Abbildung 4.50: Abweichungsermittlung – Ergebnis

In der angezeigten Liste finden wir bekannte Zahlen wieder: Für unseren Fertigungsauftrag wurde unser erwarteter Abweichungsbetrag von *360 EUR* ermittelt – die Differenz zwischen den Ist-Herstellkosten von *2.010 EUR* und unseren Sollkosten von *1.650 EUR* aus der Standardkalkulation.

In unserem Wertefluss setzt sich die Gesamtabweichung von *360 EUR* aus den Abweichungskategorien »Einsatzmengenabweichung« und »Einsatzrestabweichung« zusammen.

Erinnern wir uns kurz zurück: Wir haben die benötigten Personalstunden von den geplanten 100 Stunden auf tatsächliche 160 Stunden geändert. Daraus ergibt sich eine Einsatzmengenabweichung von 300 EUR gemäß folgender Rechnung:

Ist: *160 Stunden * 5 EUR* Tarif = *800 EUR*

Plan: *100 Stunden * 5 EUR* Tarif = *500 EUR*

Differenz: *300 EUR*

Da sich durch die Erhöhung der Personalstunden die Basis für unseren Fertigungsgemeinkostenzuschlag geändert hat, ändert sich dieser folglich auch. So ergibt sich unsere Einsatzrestabweichung von 60 EUR, wie die folgende Rechnung noch mal verdeutlicht:

Ist: *800 EUR* Personalstunden * *20 %* Zuschlag = *160 EUR*

Plan: *500 EUR* Personalstunden * *20 %* Zuschlag = *100 EUR*

Differenz: *60 EUR*

Jetzt haben wir unsere Abweichung von 360 EUR ermittelt und die entsprechenden Abweichungskategorien abgeleitet.

Es folgt der zweite Schritt: die Abrechnung der Abweichung. Dafür führen wir die Transaktion *KO88* aus (siehe Abbildung 4.51).

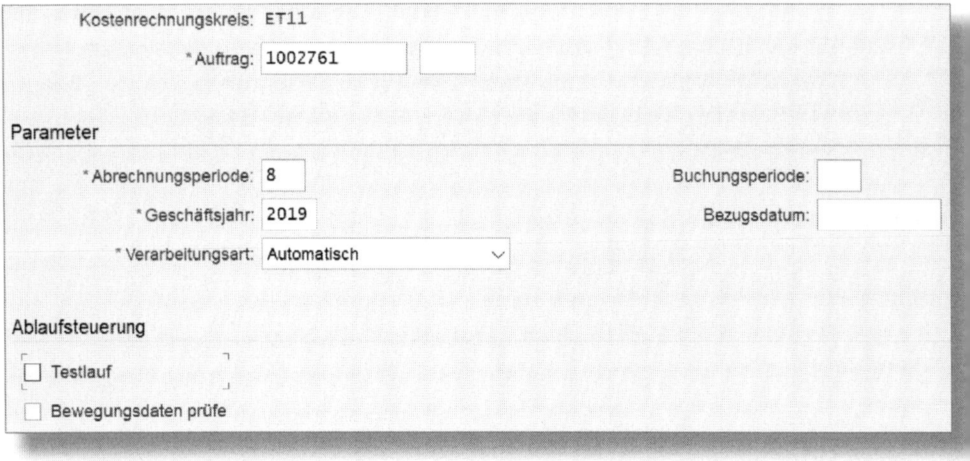

Kostenrechnungskreis: ET11

*Auftrag: 1002761

Parameter

*Abrechnungsperiode: 8 | Buchungsperiode:

*Geschäftsjahr: 2019 | Bezugsdatum:

*Verarbeitungsart: Automatisch

Ablaufsteuerung

☐ Testlauf

☐ Bewegungsdaten prüfe

Abbildung 4.51: Abrechnung Fertigungsauftrag

In der Selektion geben wir unseren FertigungsAUFTRAG mit, sowie die ABRECHNUNGSPERIODE und das GESCHÄFTSJAHR.

Nach der Ausführung erhalten wir die folgenden Belege:

- Buchhaltungsbeleg
- Kostenrechnungsbeleg
- Ergebnisrechnungsbelege

1. Buchhaltungsbeleg

Bei der Abrechnung der Abweichungen wird ein Buchhaltungsbeleg erzeugt (siehe Abbildung 4.52). Es findet eine Buchung in der GuV statt. Im Haben wurde die Abweichung von *360 EUR* auf das KONTO *55100000* (Wareneingang Produktion) gebucht. Auf dieses Konto hatten wir bereits unseren Wareneingang von *1.650 EUR* im Haben (vgl. Abschnitt 4.2.3) verbucht. Im Soll wurde das KONTO *52070000 (Auf-*

wand Prod Prdiff) mit dem Gesamtbetrag der Produktionsabweichung bebucht. Dieses Konto wird im selben Buchhaltungsbeleg wieder im Haben gebucht, damit im Soll wiederum die Aufteilung der Preisdifferenzen nach den von uns definierten Abweichungskategorien auf die entsprechenden Sachkonten vorgenommen werden kann (Konten *52071000* bis *52074000*).

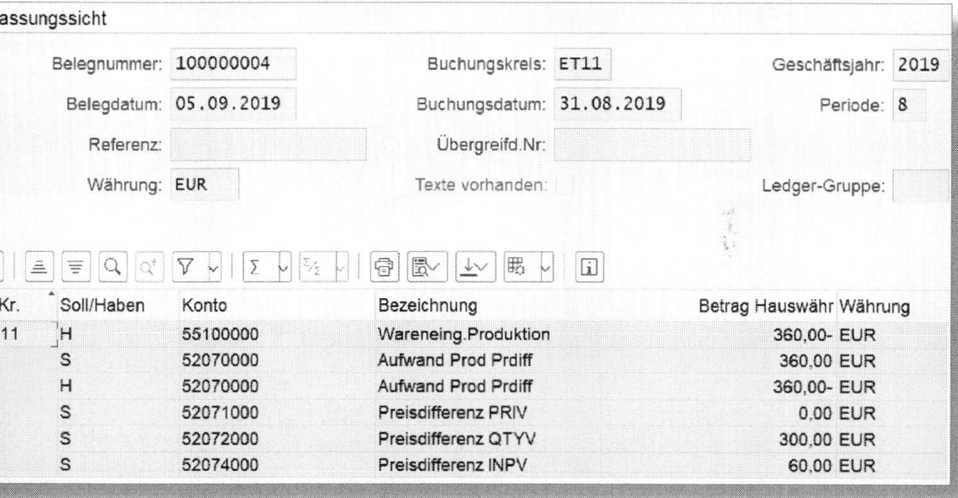
fassungssicht

Belegnummer: 100000004 | Buchungskreis: ET11 | Geschäftsjahr: 2019
Belegdatum: 05.09.2019 | Buchungsdatum: 31.08.2019 | Periode: 8
Referenz: | Übergreifd.Nr:
Währung: EUR | Texte vorhanden: | Ledger-Gruppe:

Kr.	Soll/Haben	Konto	Bezeichnung	Betrag Hauswähr	Währung
11	H	55100000	Wareneing.Produktion	360,00-	EUR
	S	52070000	Aufwand Prod Prdiff	360,00	EUR
	H	52070000	Aufwand Prod Prdiff	360,00-	EUR
	S	52071000	Preisdifferenz PRIV	0,00	EUR
	S	52072000	Preisdifferenz QTYV	300,00	EUR
	S	52074000	Preisdifferenz INPV	60,00	EUR

Abbildung 4.52: Buchhaltungsbeleg

Wie ermittelt SAP im Detail diese Konten?

Zur Erklärung teilen wir den Buchhaltungsbeleg aus Abbildung 4.52 in zwei Teile: in die ersten beiden und die letzten vier Buchungszeilen.

Die Sachkonten der ersten beiden Buchungszeilen mit der Gesamtabweichung werden, wie schon bei den Rohstoffverbräuchen und der Wareneingangsbuchung, über die Kontenfindung MM ermittelt, die in der Transaktion *OBYC* gepflegt ist (siehe Abbildung 4.53 und Abbildung 4.54).

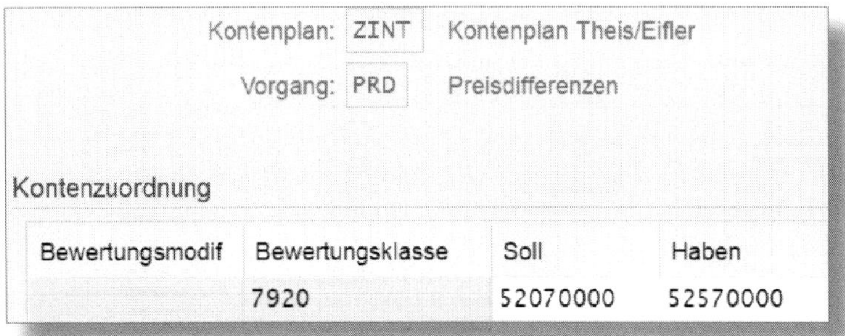

Kontenplan: ZINT Kontenplan Theis/Eifler

Vorgang: PRD Preisdifferenzen

Kontenzuordnung

Bewertungsmodif	Bewertungsklasse	Soll	Haben
	7920	52070000	52570000

Abbildung 4.53: GuV-Kontenfindung – Preisdifferenz

Kontenplan: ZINT Kontenplan Theis/Eifler

Vorgang: GBB Gegenbuchung zur Bestandsbuchung

Kontenzuordnung

Bewertungs...	Allg. Modifik...	Bewertungs...	Soll	Haben
	AUA	7920	55100000	55100000

Abbildung 4.54: GuV-Kontenfindung – GBB-AUA-Kombination

Für die Auftragsabrechnung haben wir in der Kontenfindung zum Vorgang *PRD* das Konto *52070000 (Aufwand Prod Prdiff)* sowie zum Vorgang *GBB (Gegenbuchung zur Bestandsbuchung)* und der Allgemeinen Modifikation *AUA* das Konto *55100000 (Wareneing. Produktion)* hinterlegt. Daraus resultiert die Buchung unserer Auftragsabrechnung über *360 EUR*.

Da der Vorgang GBB für mehrere Untervorgänge verwendet wird, deren Buchung auf verschiedene Konten erfolgt (z.B. Verbrauch oder Verschrottung), ist es erforderlich, diese Vorgänge nach einem weiteren Schlüssel zu unterscheiden: der sogenannten *Allgemeinen Modifikation*, auch *Kontenmodifikation* genannt.

Kontenfindung Auftragsabrechnung

Sollte die Kontenfindung für die Kombination aus »GBB« und »Allgemeine Modifikation AUA« nicht gepflegt sein, wird die der Kombination »GBB« und »Allgemeine Modifikation AUF« herangezogen, die z. B. auch für die Wareneingangsbuchung des Fertigprodukts Anwendung findet.

Die Sachkonten der letzten vier Buchungszeilen (Abbildung 4.52), die die Aufteilung der Gesamtabweichung in die Abweichungskategorien ausweisen, werden aus dem Customizing der Konten für die Aufteilung der Preisdifferenzen gezogen.

In SAP ERP war es nicht in der buchhalterischen, sondern nur in der kalkulatorischen Ergebnisrechnung möglich, die Produktionsabweichungen in die einzelnen Abweichungskategorien aufzuteilen. In S/4HANA besteht diese Möglichkeit nun auch in der buchhalterischen Ergebnisrechnung, und diese Abweichungen sind entsprechend zu buchen. Um die Produktionsabweichungen pro Abweichungskategorie in der buchhalterischen Ergebnisrechnung buchen und auswerten zu können, ist unter folgendem Pfad das entsprechende Customizing durchzuführen:

FINANZWESEN • HAUPTBUCHHALTUNG • PERIODISCHE ARBEITEN • INTEGRATION • MATERIALWIRTSCHAFT • KONTEN FÜR AUFTEILUNG DER PREISDIFFERENZEN DEFINIEREN

Wir haben ein Preisdifferenzschema *ZP01* angelegt und es unserem Kontenplan *ZINT* sowie unserem Kostenrechnungskreis *ET11* zugeordnet (siehe Abbildung 4.55).

ilung der Preisdifferenzen
Aufteilungsschema Preisdifferenzen
Detaillierte Preisdifferenzenkonten
Buchungskreiseinstellungen

Aufteilungsschema Preisdifferenzen

PrDiff. Schema	KostRech...	Kontenplan	Name AuftSchema Preisdifferenzen
ZP01	ET11	ZINT	Production Variances Split

Abbildung 4.55: Aufteilungsschema für Preisdifferenzen

Dieses Aufteilungsschema haben wir wiederum in den Buchungskreiseinstellungen unserem Buchungskreis *ET11* zugeordnet (siehe Abbildung 4.56).

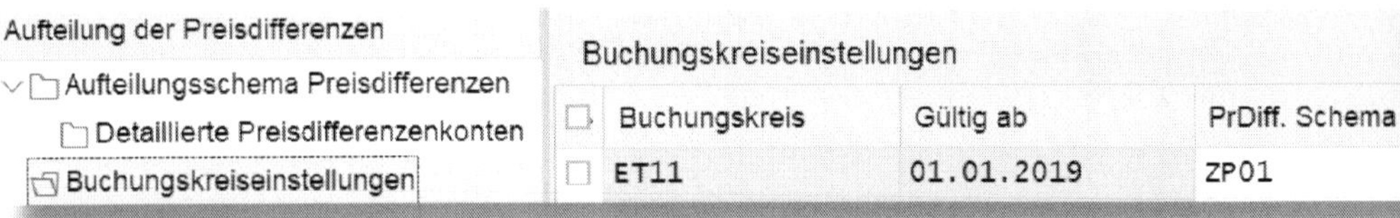

Abbildung 4.56: Aufteilungsschema – Buchungskreiseinstellungen

Unter Detaillierte Preisdifferenzenkonten erfolgt anschließend die Zuordnung der Abweichungskategorien (AKat) zum jeweils entsprechenden Preisdifferenz-Zielkonto (siehe Abbildung 4.57).

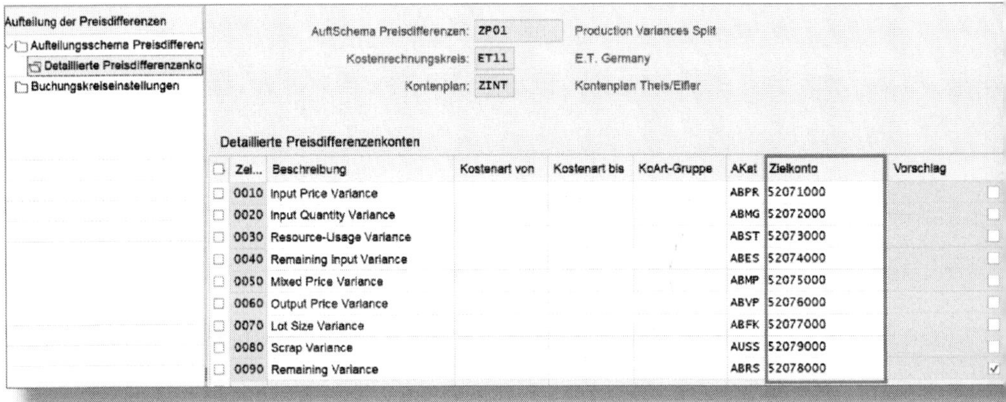

Abbildung 4.57: Aufteilungsschema – Kontenzuordnung

Mithilfe dieses Customizings haben wir nun erreicht, dass die Produktionsabweichungen bereits im Finanzwesen aufgeteilt sowie abgerechnet werden und sich danach in der buchhalterischen Ergebnisrechnung bzw. in der Tabelle ACDOCA auswerten lassen.

2. Kostenrechnungsbeleg

Der zweite Beleg, der erzeugt wird, ist der **Kostenrechnungsbeleg** (siehe Abbildung 4.58). Dieser entsteht, da wir den beiden bebuchten FI-Konten 52070000 und 55100000 den Sachkontentyp »Primärkosten und Erlöse« zugeordnet haben. Somit hat diese Buchung ebenfalls Auswirkungen auf das Controlling.

Dieser Kostenrechnungsbeleg entspricht von den Buchungszeilen her exakt dem Rechnungswesenbeleg (Abbildung 4.52). Bei der Buchung auf das Konto 55100000 ist unser Fertigungsauftrag das CO-Objekt. Für die Konten 52070000 bis 52074000 fordert SAP ebenfalls ein CO-Objekt. In unserem Fall handelt es sich dabei um ein *Ergebnisobjekt*. Wie dieses Ergebnisobjekt abgeleitet wird bzw. was ein Ergebnisobjekt überhaupt ist, werden wir näher erläutern, wenn wir uns gleich den Belegen für die Ergebnisrechnung widmen.

igevariante	1SAP	Primärkostenbuchung
hrung	EUR	EUR
rtungssicht/Gruppe	0	Legale Bewertung

Belegnr	Belegdatum	Belegkopftext				RT	RefBelegnr	Benutzer	sto	StB			
BuZ	**OAr**	**Objekt**	**Objektbezeichnung**	**Kostenart**	**Kostenartenbezeichn.**	**Menge erfaßt gesamt**	**GME**	**G**	**Gegenkonto**	**Wert/OWähr**			
A0001UD700	05.09.2019					R	3801	THEIS					
1	AUF	1002761	Fertigprodukt 1	55100000	Wareneing.Produktion			S	52070000	360,00-			
2	ERG	909		52070000	Aufwand Prod Prdiff			S	55100000	360,00			
3	ERG	909		52070000	Aufwand Prod Prdiff			S	52070000	360,00-			
4	ERG	909		52071000	Preisdifferenz PRIV			S	55100000	0,00			
5	ERG	909		52072000	Preisdifferenz QTYV			S	55100000	300,00			
6	ERG	909		52074000	Preisdifferenz INPV			S	55100000	60,00			

Abbildung 4.58: Kostenrechnungsbeleg

3. Ergebnisrechnungsbelege

Die anderen Belege, die mit der Auftragsabrechnung erzeugt werden, sind Belege für die *kalkulatorische Ergebnisrechnung* (siehe Abbildung 4.59).

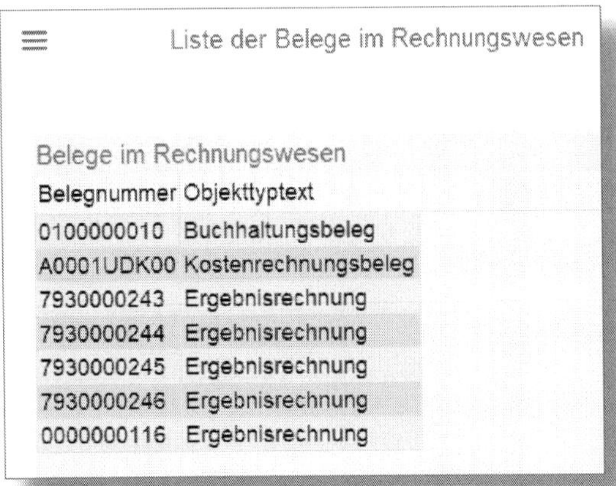

Belegnummer	Objekttyptext
0100000010	Buchhaltungsbeleg
A0001UDK00	Kostenrechnungsbeleg
7930000243	Ergebnisrechnung
7930000244	Ergebnisrechnung
7930000245	Ergebnisrechnung
7930000246	Ergebnisrechnung
0000000116	Ergebnisrechnung

Abbildung 4.59: Belege im Rechnungswesen

Jetzt fragen Sie sich mit Sicherheit, warum so viele Belege für die kalkulatorische Ergebnisrechnung erzeugt werden. Die Antwort werden wir Ihnen nun geben.

Die Abrechnung der Abweichung unseres Fertigungsauftrags wird nicht nur ins Finanzwesen, Controlling und damit in die buchhalterische Ergebnisrechnung übergeleitet; diese Abweichung wird auch in die kalkulatorische Ergebnisrechnung gebucht, da wir ja beide Formen der Ergebnisrechnung im Einsatz haben.

In unserer Konstellation übergeben wir die Abweichung eigentlich zweimal in die kalkulatorische Ergebnisrechnung: einmal mit der Vorgangsart B und einmal mit der Vorgangsart C. Bei Buchungen mit der Vorgangsart B handelt es sich um Direktbuchungen aus der Buchhaltung, während Buchungen mit der Vorgangsart C Abrechnungen in die kalkulatorische Ergebnisrechnung sind.

Belege 7930000243 bis 7930000246: Buchungen über Vorgangsart B

Betrachten wir zum besseren Verständnis noch einmal den Buchhaltungsbeleg in Abbildung 4.52. Hier wird bei der Abrechnung der Abweichung ein Buchungssatz erzeugt, der die Gesamtabweichung in

Höhe von 360 EUR im Soll bucht, diese Gesamtabweichung im Haben wieder zurückdreht, um dann im Soll die Aufteilung auf den einzelnen Preisdifferenzkonten vorzunehmen.

Diese vier Buchungen

- Soll 360 EUR,
- Haben 360 EUR,
- Soll 300 EUR und
- Soll 60 EUR

haben zur Folge, dass für die kalkulatorische Ergebnisrechnung zu jeder Position ein Beleg erzeugt wird. Schauen wir uns diese vier Belege mal näher an (siehe Abbildung 4.60).

/lstkennzeichen 0
gnr. 7930000243
gnr. 7930000244
gnr. 7930000245
gnr. 7930000246
'ungstyp 10

hl Einzelposten 4
ffsmethode Lesen wie gebucht

W	V	Periode/Jahr	Belegnummer	Angelegt am	Ref.-Belegnr.	Erfasser	BuKr.	Kostenart	FRWÄH	Produktionsabweich.
10	B	009.2019	7930000243	11.09.2019	3807	THEIS	ET11	52070000	EUR	360,00
10	B	009.2019	7930000244	11.09.2019	3807	THEIS	ET11	52070000	EUR	360,00-
10	B	009.2019	7930000245	11.09.2019	3807	THEIS	ET11	52072000	EUR	300,00
10	B	009.2019	7930000246	11.09.2019	3807	THEIS	ET11	52074000	EUR	60,00

Abbildung 4.60: Produktionsabweichung – Vorgangsart B

Diese kalkulatorischen CO-PA-Buchungen werden mit der VORGANGSART *B* erzeugt. Sie steht für eine Direktkontierung aus der Buchhaltung.

Wie aber und warum wird dieser CO-PA-Beleg erstellt?

Bei der Abrechnung unseres Fertigungsauftrags haben wir die Konten 52070000 bis 52074000 (Preisdifferenzkonten) bebucht. Dieses Konten haben wir mit der Sachkontoart »Primärkosten und Erlöse« angelegt, weshalb sie eine kostenrechnungsrelevante Kontierung, also ein CO-Objekt benötigen.

Um während der Abrechnung den Konten *52070000* bis *52074000* eine kostenrechnungsrelevante Kontierung mitzugeben, müssen wir diese Konten im Ergebnisschema *FI* für Direktkontierungen pflegen und den jeweiligen Wertfeldern zuordnen. Die Transaktion für die Pflege von Ergebnisschemata lautet *KEI2* (siehe Abbildung 4.61).

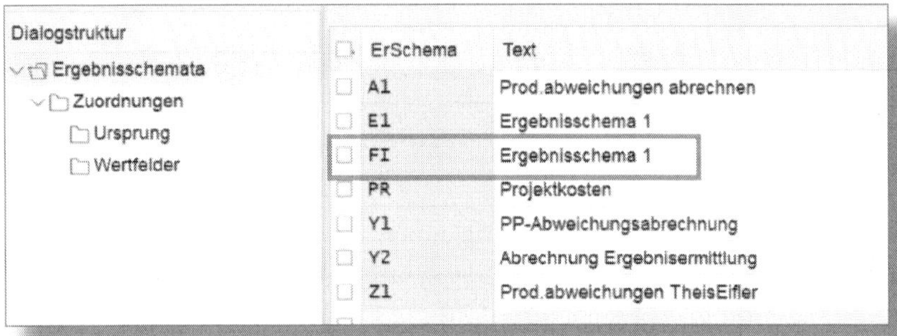

Abbildung 4.61: Ergebnisschema FI

In dem gezeigten Ergebnisschema werden als Ursprung die oben genannten Konten hinterlegt; als Ziel in der kalkulatorischen Ergebnisrechnung müssen wir die entsprechenden Wertfelder angeben. Abbildung 4.62 und Abbildung 4.63 zeigen die Einstellungen für unser Beispiel.

Durch Zuordnung der Ursprungskostenarten *52070000* bis *52570000* (Preisdifferenzkonten) zum Wertfeld *VV300 – Produktionsabweich.* stellen wir sicher, dass bei der Abrechnung unseres Fertigungsauftrags genau für diese Kostenarten ein Ergebnisobjekt **automatisch** als Ergebnisobjekt abgeleitet wird, sprich unser Abweichungsbetrag von 360 EUR wird in der kalkulatorischen Ergebnisrechnung in das Wertfeld *Produktionsabweich.* transferiert.

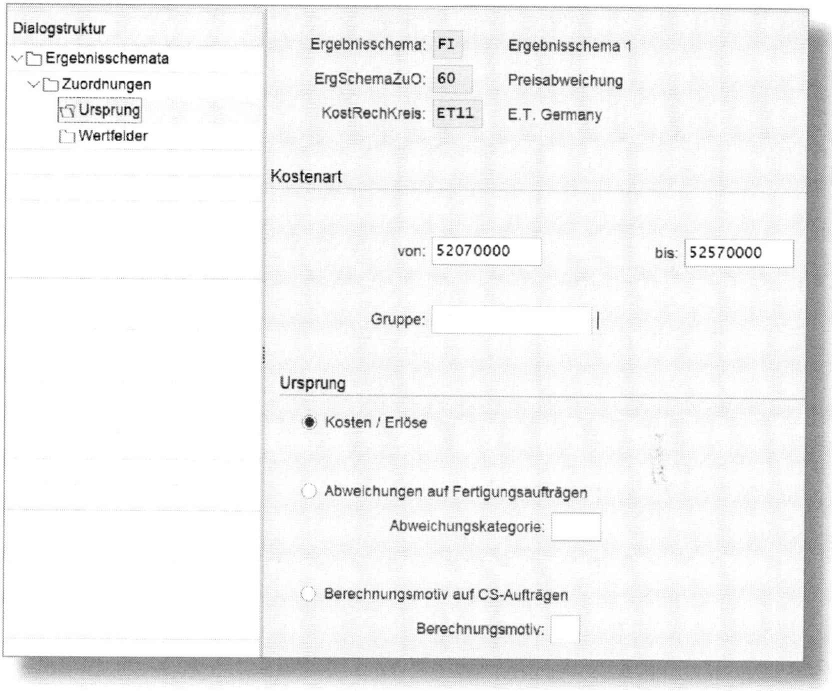

Abbildung 4.62: Ergebnisschema FI – Ursprung

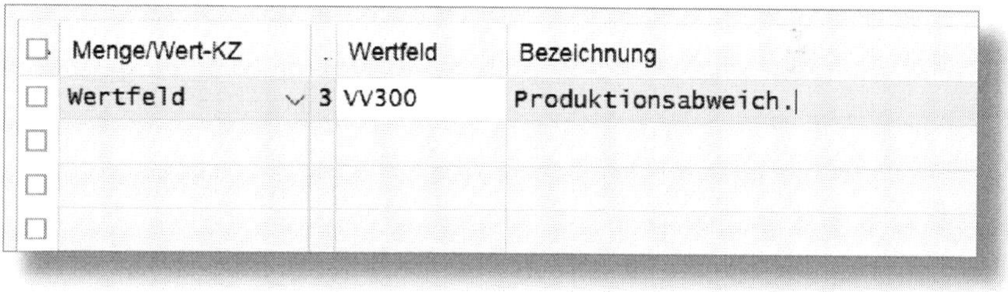

Abbildung 4.63: Ergebnisschema FI – Wertfeld

Preisabweichung über Direktbuchung FI

Wie wir bereits wissen, transferieren wir unseren Abweichungsbetrag mit der Abrechnung des Fertigungsauftrags noch ein zweites Mal in das CO-PA. Wenn Sie diese Gesamtabweichung nicht im CO-PA sehen möchten, können Sie dies umgehen, indem Sie das Konto 722222 (Ertrag aus Preis-Differenzen Eigenerzeugnisse) nicht als Kostenart anlegen. Somit würde für die entsprechende Buchungszeile kein CO-Objekt benötigt, und Sie müssten die automatische CO-Kontierung sowie das Ergebnisschema nicht entsprechend einstellen.

Beleg 0000000116: Buchungen der Abweichungskategorien **über Vorgangsart C**

Abbildung 4.64 zeigt den durch die Abrechnung unseres Fertigungsauftrags erzeugten kalkulatorischen CO-PA-Beleg 0000000116.

Dieser Beleg weist die CO-PA-Buchung der Abweichung, unterteilt in die verschiedenen Abweichungskategorien aus. Die Summe der entsprechenden Wertfelder ergibt wiederum unsere Gesamtabweichung in Höhe von *360 EUR*. Diese CO-PA-Buchung wird mit der Vorgangsart *C* erzeugt. Diese steht für eine »Auftragsabrechnung«.

Über das Ergebnisschema »Z1« (vgl. Abbildung 4.61) werden die verschiedenen Abweichungskategorien in die entsprechenden Wertfelder in CO-PA transferiert.

Betrachten wir nach der getätigten Abrechnung der Abweichung unsere Kostenanalyse. Wie wir in Abbildung 4.65 feststellen, ist der Fertigungsauftrag komplett abgerechnet.

Damit ist unser Fertigungsauftrag abgeschlossen!

Belegnr.: 116 | Positionsnr.: | Vorgangsart: C

Buchungsdatum: 30.09.2019 | Periode: 9 | Geschäftsjahr: 2019

Merkmale | Wertfelder | Herkunftsdaten | Verwaltungsdaten

Fremdwährung

Fremdwährungsschl.: EUR Euro

Umrechnungskurs: 1,00000

Legale Sicht (Ergebnisbereichswährung)

Wertfeld	Betrag	Eht
Material GK:		EUR
Materialkosten:		EUR
Preisdifferenz INPV:		EUR
Preisdifferenz PRIV:	60,00	EUR
Preisdifferenz QTYV:	300,00	EUR

Zeilen 6 bis 10 von 13

Abbildung 4.64: CO-PA-Beleg – Abweichungskategorien

ang	Herkunft	Herkunft (Text)	Istmenge gesamt	Istkosten gesamt	Währung
nausgänge	ET11/ROHSTO	ROHSTOFF 1	1	400,00	EUR
	ET11/ROHSTO	ROHSTOFF 2	2	600,00	EUR
nausgänge				**1.000,00**	**EUR**
meldungen	KS1/999	Produktion 1 / Personalstunden	160	800,00	EUR
meldungen				**800,00**	**EUR**
läge	KS3	Einkauf		50,00	EUR
	KS4	Produktionsleitung		160,00	EUR
läge				**210,00**	**EUR**
neingang	ET11/FERT1	Fertigprodukt 1	1-	1.650,00-	EUR
neingang				**1.650,00-**	**EUR**
hnung		(ohne Herkunft)		360,00-	EUR
hnung				**360,00-**	**EUR**
				0,00	**EUR**

Abbildung 4.65: Kostenanalyse

Zum Abschluss des Fertigungsprozesses schauen wir uns den Wertefluss noch einmal an (siehe Abbildung 4.66).

		Kostenstelle	Fertigungsauftrag	Kalkulatorische Ergebnisrechnung			Buchhalterische Ergebnisrechnung unter S/4HANA	
GuV	Wert	Wert	Wert	DB-Struktur	Ist-Wert	Kalk. Werte	DB-Struktur	Wert
Umsatz								
Umsatzerlöse				Bruttoumsatz			Bruttoumsatz	
Erlösschmälerungen				Rabatte			Rabatte	
Bestandsveränderungen				Fakturaumsatz	0		Fakturaumsatz	0
WE Fertige Erzeugnisse	-1.650		-1.650					
WE Fertige Erzeugnisse	-360							
WA Fertige Erzeugnisse				Kosten des WA			Kosten des WA	
KdU Material							KdU Material	
KdU MGK							KdU MGK	
KdU Fertigung							KdU Fertigung	
KdU FertGK							KdU FertGK	
Produktionsabweichung			-360	Produktionsabw.			Produktionsabw.	
Pr Diff QTYV	300			Pr Diff QTYV	300		Pr Diff QTYV	300
Pr Diff INPV	60			Pr Diff INPV	60		Pr Diff INPV	60
Materialaufwand								
Verbrauch Rohstoffe	1.000		1.000	Materialeinsatz				
MGK		-50	50	MGK				
Personalaufwand								
Personalstunden		-800	800	Fertigungskosten				
FGK		-160	160	FGK				
Löhne Produktion	1.500	1.500						
Gehalt Prod.Ltg.	1.000	1.000		Deckungsbeitrag	0		Deckungsbeitrag	360
Löhne Einkauf	1.000	1.000						
Sonstiges								
Umlage CCA->CO-PA				Umlagen			Umlagen	
Ergebnis	2.850	2.490	0	Ergebnis	360		Ergebnis	360

Abbildung 4.66: Wertefluss FI/CO/CO-PA (V)

Wir haben mit der Abrechnung der Abweichung eine Buchung in der GuV erzeugt. Mit dieser FI-Buchung wurde das Wareneingangskonto für Fertigerzeugnisse um *360 EUR* auf die Istkosten von *2.010 EUR* angepasst (Summe *WE Fertige Erzeugnisse* in Abbildung 4.66). Die Gegenbuchung erfolgte auf den Konten *52072000* und *52074000* (Preisdifferenzen).

Unser Fertigungsauftrag wurde mit *360 EUR* entlastet und ist somit komplett abgerechnet. Die entsprechende Belastung wurde ins CO-PA gebucht.

Auch an dieser Stelle wollen wir Sie mit einer einfachen Darstellung des vorab Gelesenen erfreuen (siehe Abbildung 4.67).

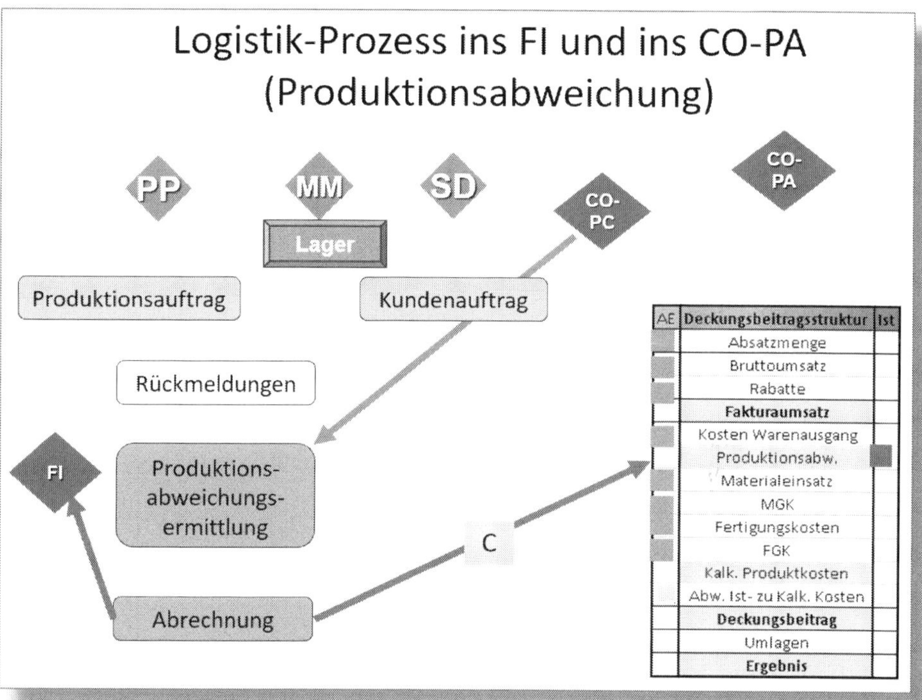

Abbildung 4.67: Produktionsabweichung

1. Zum Periodenende wird eine Produktionsabweichungsermittlung aus dem Modul Produktkostencontrolling (CO-PC) durchgeführt.
2. Bei der anschließenden Abrechnung wird die Produktionsabweichung in FI gebucht und an die Ergebnisrechnung (CO-PA) übergeben.
3. Die Wertfelder »Produktionsabweichungen« werden somit in der kalkulatorischen Ergebnisrechnung mit der Vorgangsart »C« befüllt.
4. Die Konten »Produktionsabweichungen« werden in der buchhalterischen Ergebnisrechnung bebucht.

4.4 Auswertungsmöglichkeiten

In diesem Abschnitt möchten wir Ihnen gerne zeigen, über welche Auswertungsoptionen Sie die gerade gebuchten Produktionsabweichungen ansehen und analysieren können und wie sich diese Abweichungen in den Gesamtkontext des Werteflusses einordnen lassen.

Option 1: Tabelle ACDOCA

Wie bereits mehrfach in diesem Buch erwähnt, laufen alle Buchungen in der Tabelle ACDOCA bzw. im Universal Journal zusammen. Abbildung 4.68 zeigt die Buchungen der Produktionsabweichungen in der Tabelle ACDOCA.

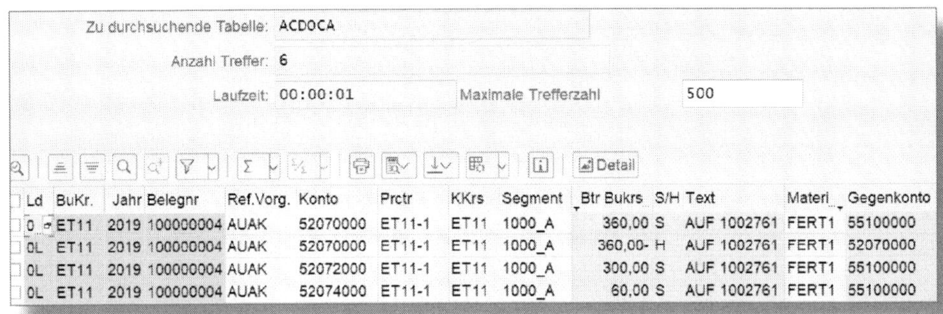

Zu durchsuchende Tabelle: ACDOCA
Anzahl Treffer: 6
Laufzeit: 00:00:01 Maximale Trefferzahl 500

Ld	BuKr.	Jahr	Belegnr	Ref.Vorg.	Konto	Prctr	KKrs	Segment	Btr Bukrs	S/H	Text	Materi	Gegenkonto
0	ET11	2019	100000004	AUAK	52070000	ET11-1	ET11	1000_A	360,00	S	AUF 1002761	FERT1	55100000
0L	ET11	2019	100000004	AUAK	52070000	ET11-1	ET11	1000_A	360,00-	H	AUF 1002761	FERT1	52070000
0L	ET11	2019	100000004	AUAK	52072000	ET11-1	ET11	1000_A	300,00	S	AUF 1002761	FERT1	55100000
0L	ET11	2019	100000004	AUAK	52074000	ET11-1	ET11	1000_A	60,00	S	AUF 1002761	FERT1	55100000

Abbildung 4.68: Produktionsabweichungen in ACDOCA

Selektiert man die Ausgabe in der Tabelle nur auf das Merkmal »Material *FERT1*«, so summieren sich die Abweichungen auf 360 EUR, und das aufgeteilt auf die beiden Konten *52072000* und *52074000*.

Option 2: KE30-Bericht für kalkulatorische Ergebnisrechnung

Wie bereits im Verlauf dieses Kapitels beschrieben, werden durch die Abrechnung der Produktionsabweichungen in der kalkulatorischen Ergebnisrechnung die entsprechenden Wertfelder nach Abweichungskategorien befüllt. Für unser Beispiel zeigt Abbildung 4.69 den entsprechenden KE30-Bericht in der kalkulatorischen Ergebnisrechnung.

Schlüsselspalte	Ist-Daten 009.2019
Bruttoumsatz	0,00
Rabatte	0,00
Fakturaumsatz	0,00
Kosten Warenausgang	0,00
Preisdifferenz PRIV	0,00
Preisdifferenz INPV	60,00
Preisdifferenz QTYV	300,00
Prod. Abweichungen	360,00
Materialkosten	0,00
Material GK	0,00
Fertigungskosten	0,00
FertigungsGK	0,00
Kalk. Produktkosten	0,00

Abbildung 4.69: Produktionsabweichung kalkulatorisch CO-PA

Option 3: KE30-Bericht für buchhalterische Ergebnisrechnung

Zum besseren Verständnis zeigen wir die Produktionsabweichungen für die buchhalterische Ergebnisrechnung ebenfalls in einem klassischen KE30-Bericht (siehe Abbildung 4.70).

Schlüsselspalte	Istdaten
Erlöse	0,00
Rabatte	0,00
Fakturaumsatz	0,00
Preisdifferenz PRIV	0,00
Preisdifferenz QTYV	300,00
Preisdifferenz INPV	60,00
Produktionsabw.	360,00
Materialkosten	0,00
Material GK	0,00
Fertigungskosten	0,00
Fertigungs-GK	0,00
Deckungsbeitrag	360,00

Abbildung 4.70: Produktionsabweichung buchhalterisch CO-PA

Option 4: App Marktsegmente – Ist«

In S/4HANA steht Ihnen u. a. die App »Marksegmente – Ist« zur Verfügung, um auch über die ACDOCA die Werte der Produktionsabweichung in »moderner« Form auswerten zu können (siehe Abbildung 4.71).

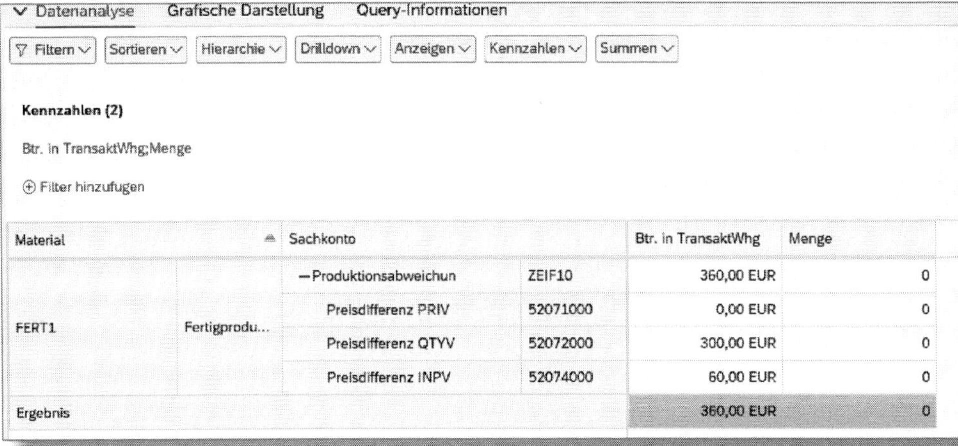

Material		Sachkonto		Btr. in TransaktWhg	Menge
FERT1	Fertigprodu...	–Produktionsabweichun	ZEIF10	360,00 EUR	0
		Preisdifferenz PRIV	52071000	0,00 EUR	0
		Preisdifferenz QTYV	52072000	300,00 EUR	0
		Preisdifferenz INPV	52074000	60,00 EUR	0
Ergebnis				360,00 EUR	0

Abbildung 4.71: Produktionsabweichung in der App »Marktsegmente – Ist«

Nur korrekt befüllte Merkmale liefern exakte Auswertungsergebnisse

»Marktsegmente – Ist« gehört zu den Apps, die die Tabelle ACDOCA auswerten. **Alle** Buchungen aus den Modulen FI und CO fließen mit den eingesetzten Merkmalen in das Universal Journal. Man kann also festhalten, dass die buchhalterische Ergebnisrechnung sowohl in der App als auch in der Tabelle ACDOCA zu jeder Zeit mit FI abgestimmt ist. Trotzdem ist darauf zu achten, Merkmale wie das Material korrekt zu befüllen, um auf Basis detaillierter Merkmale korrekte Auswertungsergebnisse zu erhalten.

5 Der Warenausgang

Wir haben nun erfolgreich unser Produkt FERT1 produziert. Erinnern wir uns zurück an Kapitel 3, in dem beschrieben ist, wie wir einen Kundenauftrag anlegen und wie die entsprechenden Verbindungen ins Rechnungswesen aussehen. In diesem Kapitel wollen wir den angelegten Kundenauftrag beliefern.

5.1 Lieferung anlegen

Dafür gehen wir mit der Transaktion *VA02* wieder in unseren Kundenauftrag (Abbildung 5.1).

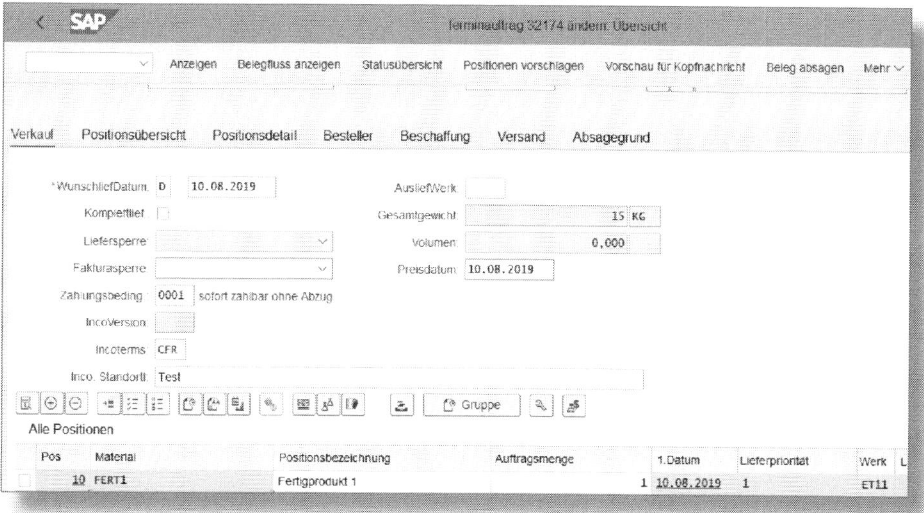

Abbildung 5.1: Kundenauftrag ändern

Über das Menü VERKAUFSBELEG • BELIEFERN gelangen wir direkt in die Lieferung (siehe Abbildung 5.2).

Abbildung 5.2: Lieferung anlegen

Nachdem wir die zu kommissionierende Menge eingetragen haben, drücken wir in diesem einfachen Beispiel auf den Button Warenausgang buchen.

Daraufhin erscheint im Idealfall die Meldung »Lieferung ... gesichert«.

Jetzt werden Sie sagen: »So einfach geht das?« In unserem Beispielsystem sicherlich, aber in der realen Welt ist es doch noch etwas komplizierter. An dieser Stelle möchten wir noch einmal kurz darauf hinweisen, dass es bei diesem Buch darum geht, den grundsätzlichen Wertefluss und seine Auswirkungen auf das Rechnungswesen (FI, CO, buchhalterisches und kalkulatorisches CO-PA) zu beschreiben. Wir wollen und können nicht sämtliche logistischen Feinheiten beschreiben, die bei einer Lieferung oder bei einem Warenausgang möglich sind. Uns interessiert jetzt, was im Rechnungswesen passiert ist, nachdem wir die obige Meldung erzeugt haben.

Dazu gehen wir mit der Transaktion *VL03N* in die gerade erzeugte Lieferung und sehen uns über den Pfad Umfeld • Belegfluss (oder durch Drücken der Taste F7) den erzeugten Belegfluss an (siehe Abbildung 5.3).

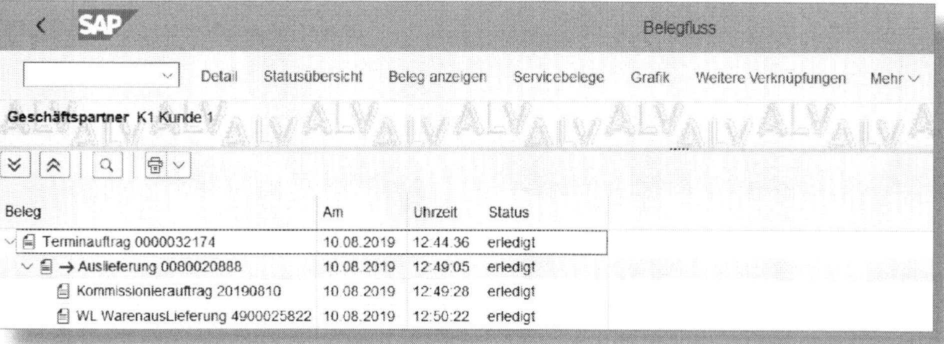

Abbildung 5.3: Belegfluss Lieferung

Wir haben aus dem Kundenauftrag heraus die Lieferung erzeugt und sehen uns nun den Warenausgangsbeleg *WL* mittels Beleg anzeigen genauer an (siehe Abbildung 5.4).

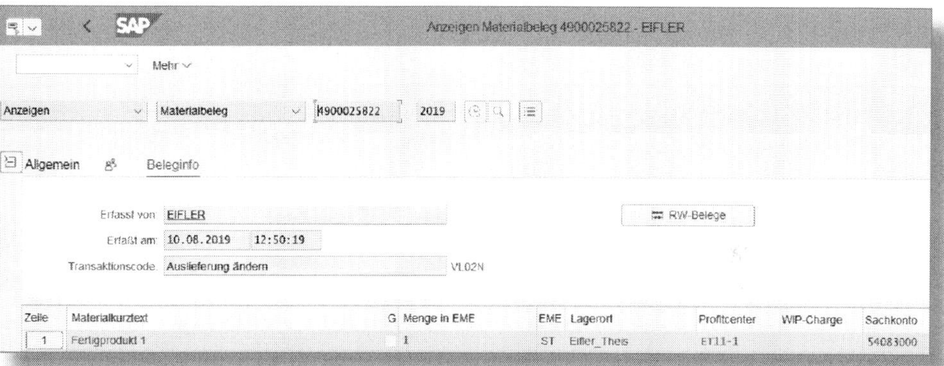

Abbildung 5.4: Warenausgangsbeleg

5.2 Rechnungswesenbelege unter S/4HANA

Uns interessieren (natürlich) die Rechnungswesenbelege; deshalb drücken wir auf den Button RW-Belege.

Im Unterschied zum bisherigen SAP-ERP-System erhalten wir jetzt nicht nur einen, sondern mehrere Rechnungswesenbelege (siehe Abbildung 5.5).

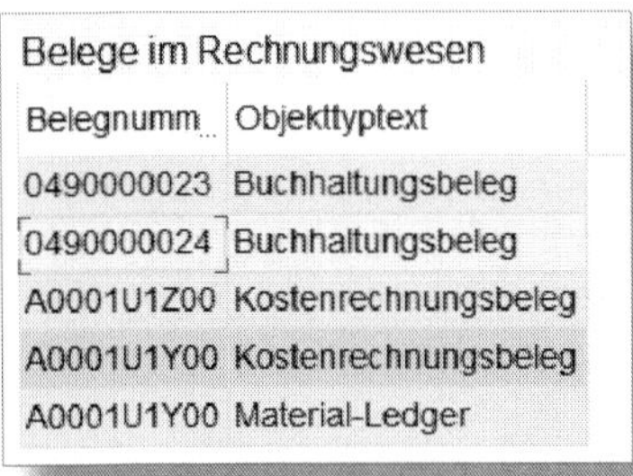
Belege im Rechnungswesen

Belegnumm...	Objekttyptext
0490000023	Buchhaltungsbeleg
0490000024	Buchhaltungsbeleg
A0001U1Z00	Kostenrechnungsbeleg
A0001U1Y00	Kostenrechnungsbeleg
A0001U1Y00	Material-Ledger

Abbildung 5.5: Warenausgang – Rechnungswesenbelege unter S/4HANA

Im Folgenden widmen wir uns den unterschiedlichen Rechnungswesenbelegen und erläutern, wie und woraus sie sich ergeben.

5.2.1 Buchhaltungsbelege – Wodurch entstehen sie?

Zuerst betrachten wir in Abbildung 5.6 den Buchhaltungsbeleg zum Warenausgang, den uns bereits das SAP-ERP-System ausgegeben hat:

Unser Bestandskonto *13400000* hat sich um *1.650 EUR* verringert, und wir haben den Aufwand in gleicher Höhe auf dem Bestandsveränderungskonto *54083000* gebucht. Wie kommt das SAP-System auf den Wert für diese Buchung?

In unserem Beispiel wurde auf den Wert zurückgegriffen, mit dem unser Produkt in der Bilanz bewertet wurde. Wie Sie im Abschnitt 2.2 gelernt haben, werden unsere Verkaufsartikel kalkuliert. Dabei wird eine Standardkalkulation zunächst angelegt, danach vorgemerkt und anschließend freigegeben. Mit der Freigabe der Standardkalkulation wird der Standardpreis (S-Preis) in der Sicht Buchhaltung 1 des Artikelstammes fortgeschrieben und gleichzeitig ein vorhandener Bestand buchhalterisch neu bewertet (siehe Abbildung 5.7).

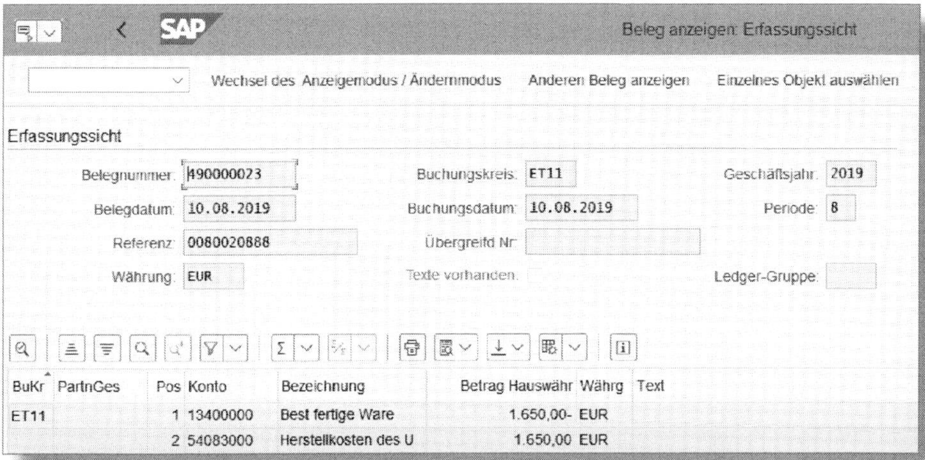

Abbildung 5.6: Buchhaltungsbeleg Warenausgang

Abbildung 5.7: Materialstamm – Sicht »Buchhaltung 1«

In unserem Beispiel ist unser Verkaufsartikel mit einem Standardpreis von *1.650 EUR* bewertet, wir haben *4 Stück* noch auf Lager, also weisen wir zurzeit für unseren Artikel einen BestandsGESAMTWERT von *6.600 EUR* in der Bilanz aus.

Woher wusste denn unser SAP-System, auf welche Konten zu buchen ist? Auch hier hilft uns ein Blick in den Materialstamm weiter. Wir sehen in Abbildung 5.7 die Bewertungsklasse *7920*. Über die Bewertungsklasse wird die MM-Kontenfindung gesteuert (vgl. Abschnitt 2.2.1). Gehen wir also mit der Transaktion *OBYC* dorthin, sehen Sie zunächst eine Liste von MM-Vorgängen, (siehe Abbildung 5.8), die einen buchhalterischen Effekt haben und für die Konten zu hinterlegen sind.

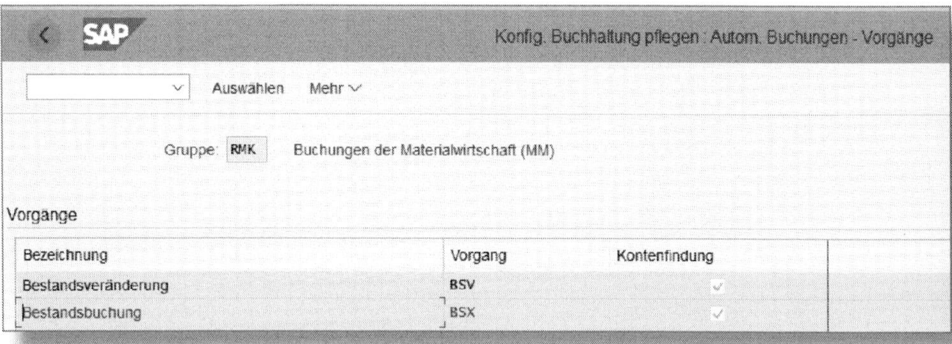

Abbildung 5.8: MM-Kontenfindung I

Zum Vorgang *BSX (Bestandsbuchung)* und zu der Bewertungsklasse *7920* ist Konto *13400000* aus unserem Kontenplan *ZINT* hinterlegt (siehe Abbildung 5.9). Der Gegenpart dazu ist der Vorgang *GBB* (Gegenbuchung zur Bestandsbuchung), bei dem das Bestandsveränderungskonto zu hinterlegen ist (siehe Abbildung 5.10).

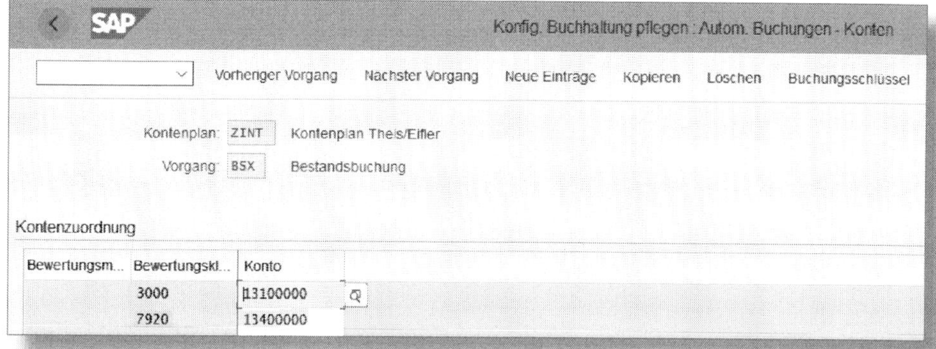

Abbildung 5.9: MM-Kontenfindung II

Konfig. Buchhaltung pflegen : Autom. Buchungen - Konten

Vorheriger Vorgang | Nächster Vorgang | Neue Einträge | Kopieren | Löschen | Buchungsschlüssel

Kontenplan: ZINT Kontenplan Theis/Eifler

Vorgang: GBB Gegenbuchung zur Bestandsbuchung

Kontenzuordnung

Bewertungsm...	Allg. Modifikat...	Bewertungskl...	Soll	Haben
	VAY	7920	54083000	083000

Abbildung 5.10: MM-Kontenfindung III

Jetzt müssen wir aufpassen, denn hier greift die berüchtigte *Kontomodifikationskonstante*! Für unser Beispiel unterscheiden wir zwei Fälle: die Allg. Modifikationen *VAX* und *VAY*. Normalerweise legen wir GuV-Konten als Kostenarten im Controlling an; in diesem Fall allerdings nicht, weil wir ansonsten die Bestandsveränderung doppelt im

CO ausweisen würden: zum einen z. B. in der Kostenstellenrechnung (wenn Sie über die Transaktion *OKB9* der Kostenart eine Kostenstelle als automatische Kontierung zugeordnet hätten), zum anderen werden die Kosten des Warenausgangs über die Konditionsart *VPRS* und sogar statistisch über die Standardkalkulation an CO-PA übertragen. Somit wären diese Kosten spätestens nach der Kostenstellenumlage ins CO-PA doppelt enthalten.

Warenausgang und Faktura in gleicher Periode

An dieser Stelle sei explizit darauf hingewiesen, dass Sie organisatorisch sicherstellen müssen, dass der Warenausgang und die dazugehörige Faktura in derselben Periode zu erfolgen haben. Wie wir im nächsten Abschnitt erläutern, werden die Warenausgangskosten mit der Faktura an das kalkulatorische CO-PA übergeben. Wenn nun der tatsächliche Warenausgang in Periode 1 und die zughörige Faktura in Periode 2 erfolgen, führt das in beiden Perioden zu einer Differenz zwischen FI und dem kalkulatorischen CO-PA!

Buchhalterisch haben Sie dieses Problem zwar so nicht, weil bereits mit dem Warenausgang die Kosten in die buchhalterische Ergebnisrechnung fließen. Allerdings weisen Sie auch hier bei unterschiedlichen Perioden für den Warenausgang bzw. die Faktura fehlerhafte Deckungsbeitragsrechnungen aus. Im ersten Monat, in dem nur der Warenausgang gebucht wurde, ist Ihr Deckungsbeitrag zu gering, im zweiten Monat, wenn die Faktura gebucht wird, ist die Deckungsbeitrag zu hoch. Sie müssen also darauf achten, welche Daten Sie wann und wie berichten!

Wie eingangs dieses Kapitels erwähnt, erzeugen wir mit dem Warenausgang unter S/4HANA weitere Rechnungswesenbelege, die es im bisherigen SAP-ERP-System so nicht gab.

5.2.2 Split der Kosten des Umsatzes unter S/4HANA

Zuerst werden auch in der buchhalterischen Ergebnisrechnung die Kosten des Umsatzes gesplittet – und zwar schon zum Zeitpunkt des Warenausgangs (siehe Abbildung 5.11).

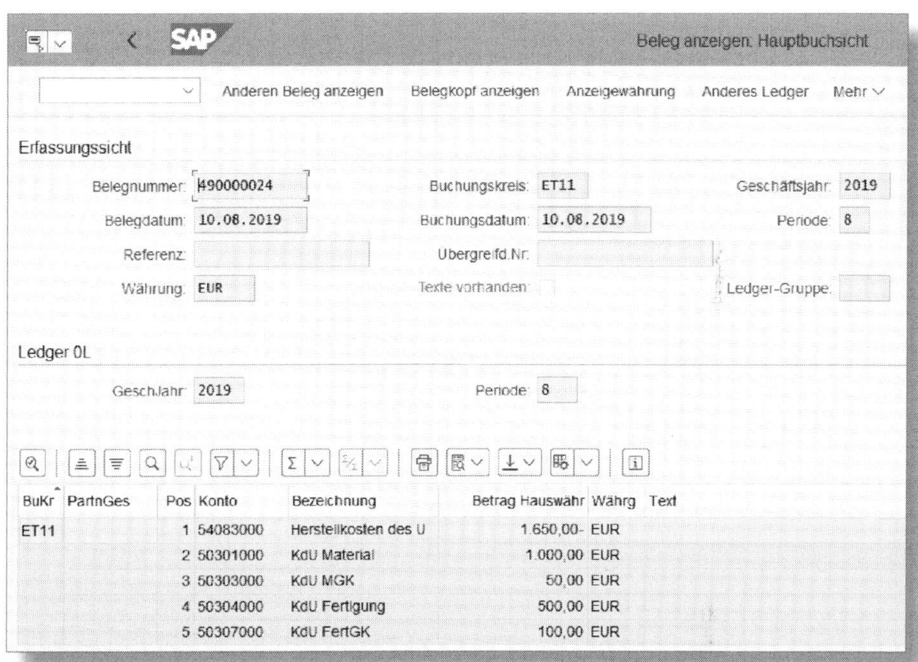

Abbildung 5.11: Split der Kosten des Umsatzes bei der Warenausgangsbuchung

Dabei wird der mit der ersten Buchung gebuchte Gesamtwert der Kosten des Umsatzes, oder einfacher gesagt, der im Rahmen der Standardkalkulation ermittelte Wert des verkauften Produkts, auf die in der Standardkalkulation benutzten Kostenelemente aufgeteilt. Damit das buchhalterisch funktioniert, sind diese Kostenelemente nun verschiedenen Konten im Customizing zugeordnet. Über FINANZWESEN •

HAUPTBUCHHALTUNG • PERIODISCHE ARBEITEN • INTEGRATION • MATERIALWIRTSCHAFT • KONTEN FÜR AUFTEILUNG DER KOSTEN DES UMSATZES DEFINIEREN können wir uns diese Zuordnung anzeigen lassen. Dazu definieren Sie zuerst ein KOSTENAUFTEILUNGSPROFIL (siehe Abbildung 5.12).

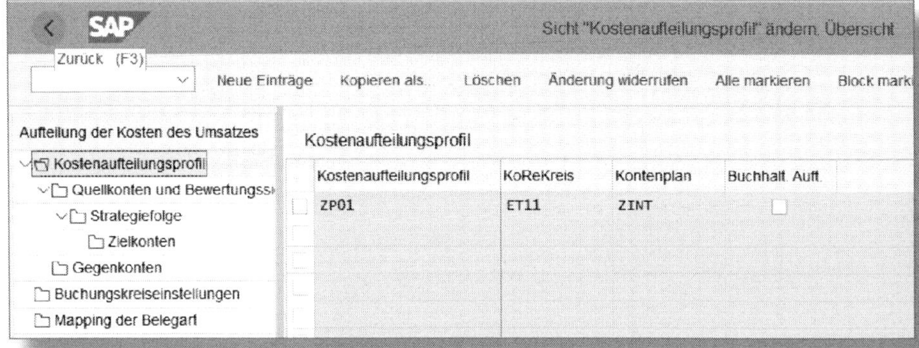

Abbildung 5.12: Kostenaufteilungsprofil ZP01

Anschließend bestimmen Sie für das Kostenaufteilungsprofil die QUELLKONTEN UND BEWERTUNGSSICHTEN (siehe Abbildung 5.13).

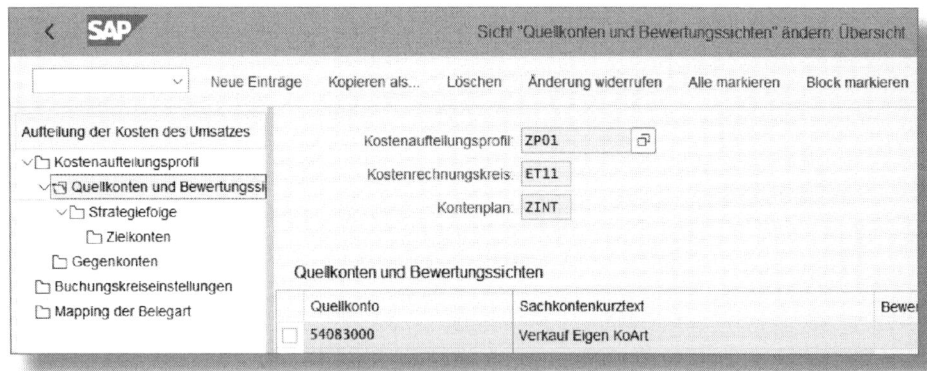

Abbildung 5.13: Quellkonten und Bewertungssichten

In einem nächsten Schritt legen Sie die STRATEGIEFOLGE fest (siehe Abbildung 5.14).

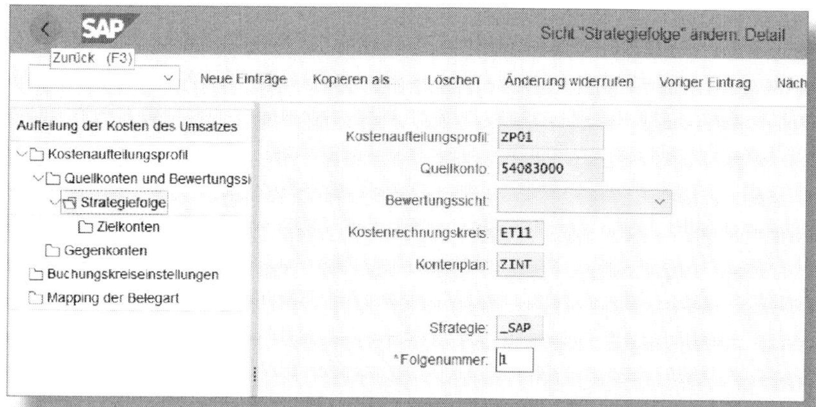

Abbildung 5.14: Strategiefolge

Dieser Strategiefolge werden sodann die ZIELKONTEN zugeordnet, die wiederum mit den Kostenelementen der Standardkalkulation verbunden werden (siehe Abbildung 5.15)

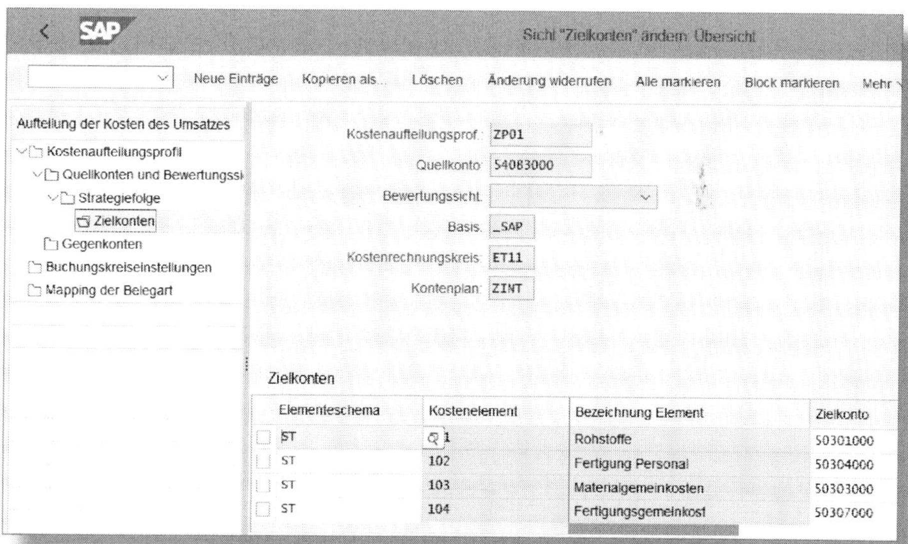

Abbildung 5.15: Zuordnung Kostenelement zu Konto

In einem letzten Schritt legen Sie noch fest, für welchen Buchungskreis Ihr Kostenaufteilungsprofil gelten soll (siehe Abbildung 5.16). Damit haben Sie das Customizing für den Warenausgangssplit abgeschlossen.

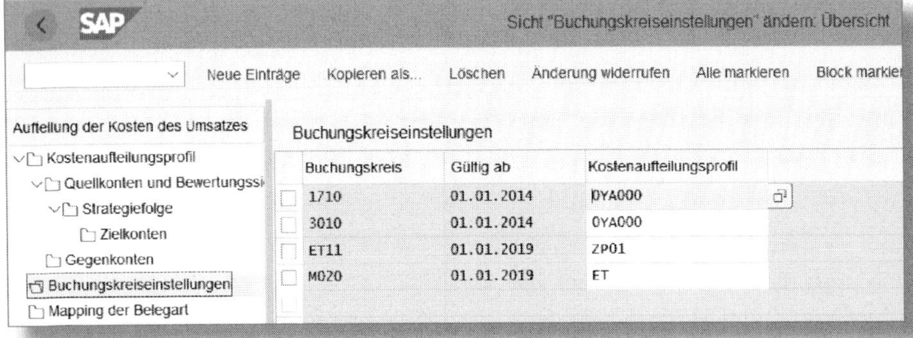

Abbildung 5.16: Zuordnung zum Buchungskreis

Ein dritter Beleg, der mit dem Warenausgang im Rechnungswesen erzeugt wurde, spiegelt den Split in zwei Kostenrechnungsbelege wider (siehe Abbildung 5.17 und Abbildung 5.18): Bei dem ersten ist der Kostensplit dargestellt, beim zweiten wird die Warenausgangsbuchung auf dem ursprünglichen Bestandsveränderungskonto sichtbar.

SAP Belege Istkosten anzeigen

Beleg Stammsatz Mehr

Anzeigevariante	1SAP	Primärkostenbuchung
K.Währung	EUR	EUR
Bewertungssicht/Gruppe	0	Legale Bewertung

Belegnr Belegdatum Belegkopftext RT RefBelegnr Benutzer sto StB

A0001U1Z00 10.08.2019 R 4900025822 EIFLER

BuZ	OAr Objekt	Objektbezeichnung	Kostenart	Kostenartenbezeichn.	Wert/KWähr	Menge erfaßt gesamt	GME	G	Gegenkonto
1	ERG 811		54083000	Herstellkosten des U	1.650,00-			M	13400000
2	ERG 811		50301000	KdU Material	1.000,00			M	13400000
3	ERG 811		50303000	KdU MGK	50,00			M	13400000
4	ERG 811		50304000	KdU Fertigung	500,00			M	13400000
5	ERG 811		50307000	KdU FertGK	100,00			M	13400000

Abbildung 5.17: Erster Kostenrechnungsbeleg

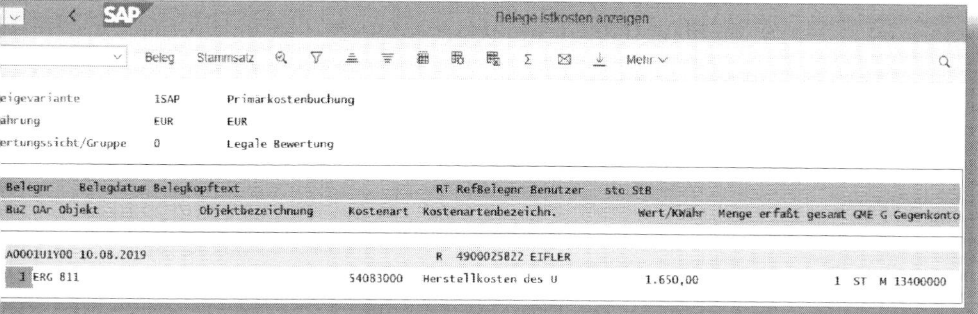

Abbildung 5.18: Zweiter Kostenrechnungsbeleg

5.2.3 Material-Ledger-Beleg

Wie Abbildung 5.19 zeigt, wurde bei der Buchung des Warenausgangs ebenfalls ein Material-Ledger-Beleg erzeugt, über den die Entnahme des Fertigartikels aus dem Bestand nun noch genauer analysiert werden kann.

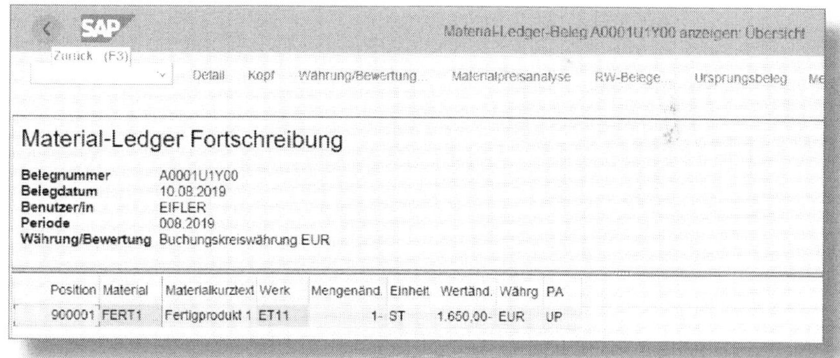

Abbildung 5.19: Material-Ledger-Beleg zum Warenausgang

Zusammengefasst lässt sich unser Wertefluss wie in Abbildung 5.20 darstellen. Die »markierten« Änderungen spiegeln die Rechnungswesen-Buchungen dieses Kapitels wider.

	Kostenstelle	Fertigungsauftrag	Kalkulatorische Ergebnisrechnung			Buchhalterische Ergebnisrechnung unter S/4HANA	
GuV	Wert	Wert	Wert	DB-Struktur	Ist-Wert	Kalk. Werte	DB-Struktur	Wert
Umsatz								
Umsatzerlöse				Bruttoumsatz			Bruttoumsatz	
Erlösschmälerungen				Rabatte			Rabatte	
Bestandsveränderungen				Fakturaumsatz	0		Fakturaumsatz	0
WE Fertige Erzeugnisse	-1.650		-1.650					
WE Fertige Erzeugnisse	-360							
WA Fertige Erzeugnisse				Kosten des WA			Kosten des WA	
KdU Material	1.000						KdU Material	1.000
KdU MGK	50						KdU MGK	50
KdU Fertigung	500						KdU Fertigung	500
KdU FertGK	100						KdU FertGK	100
Produktionsabweichung			-360	Produktionsabw.	360		Produktionsabw.	
Pr Diff QTYV	300						Pr Diff QTYV	300
Pr Diff INPV	60						Pr Diff INPV	60
Materialaufwand								
Verbrauch Rohstoffe	1.000		1.000	Materialeinsatz				
MGK		-50	50	MGK				
Personalaufwand								
Personalstunden		-800	800	Fertigungskosten				
FGK		-160	160	FGK				
Löhne Produktion	1.500	1.500						
Gehalt Prod.Ltg.	1.000	1.000		Deckungsbeitrag	360		Deckungsbeitrag	2.010
Löhne Einkauf	1.000	1.000						
Sonstiges								
Umlage CCA->CO-PA				Umlagen			Umlagen	
Ergebnis	4.500	2.490	0	Ergebnis	360		Ergebnis	2.010

Abbildung 5.20: Wertefluss FI/CO/CO-PA (VI)

Der Warenausgang als Teil des logistischen Prozesses lässt sich grafisch übersichtlich darstellen (Abbildung 5.21):

1. Im SD wird aus dem Kundenauftrag heraus eine Lieferung erzeugt: Das zu verkaufende Produkt wird aus dem Lager entnommen.

2. Am Ende der Lieferung in SD wird der Button WARENAUSGANG BUCHEN gedrückt, sodass der Warenausgang im Modul FI gebucht wird.

3. Für die kalkulatorische Ergebnisrechnung merkt sich das SAP-System diese tatsächlichen Kosten des Warenausgangs und wird sie später im Rahmen der Faktura korrekt in der Konditionsart VPRS ausweisen.

4. Für die buchhalterische Ergebnisrechnung unter S/4HANA werden die Kosten des Warenausgangs gesplittet und schon zum Zeit-

punkt des Warenausgangs an die buchhalterische Ergebnisrechnung sowie letzten Endes auch an das Universal Journal (Tabelle ACDOCA) übergeben.

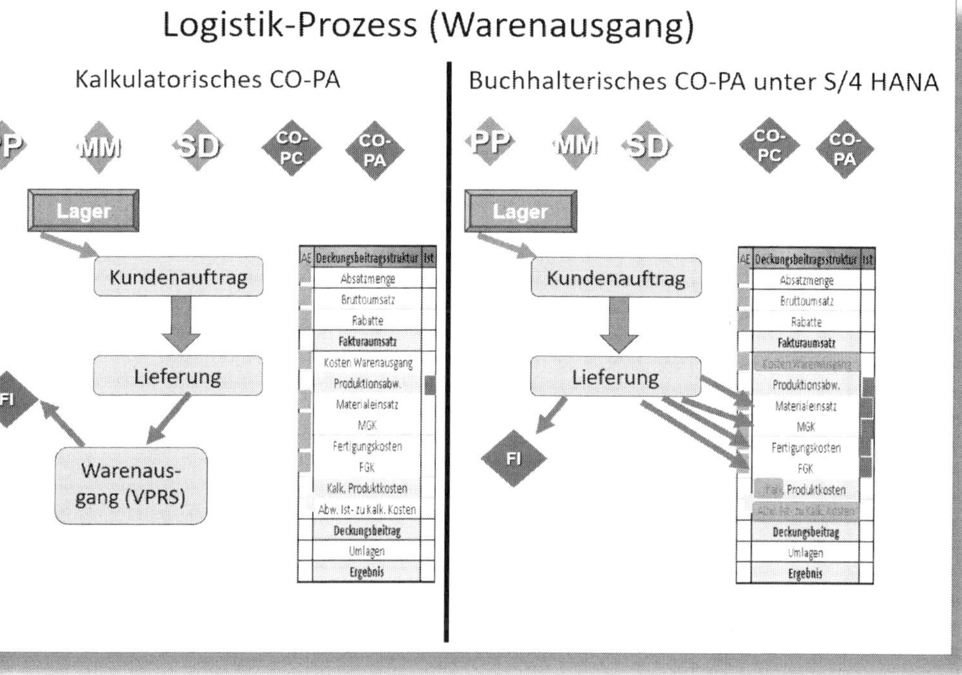

Abbildung 5.21: Prozess Warenausgang

6 Die Faktura

Die Fertigware ist auf dem Weg zum Kunden oder vielleicht schon dort eingetroffen. Jetzt sollten wir schnellstmöglich die dazugehörige Rechnung hinterhersenden.

6.1 Faktura anlegen

Mit der Transaktion *VF01* legen wir die Rechnung an, den Einstieg zeigt Abbildung 6.1.

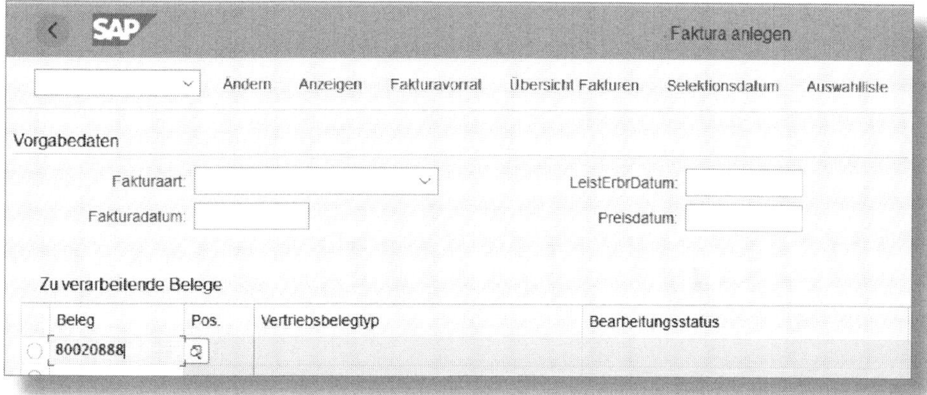

Abbildung 6.1: Einstieg Anlage Faktura

Dabei beziehen wir uns auf die im vorherigen Kapitel beschriebene Lieferung. Bevor wir buchen, sehen wir uns zum einen die hinterlegten Kopfdaten an, die später auf der Rechnung stehen (Abbildung 6.2), und zum anderen in den Positionsdaten die Konditionen (Abbildung 6.3), die wichtig für unser Rechnungswesen sind.

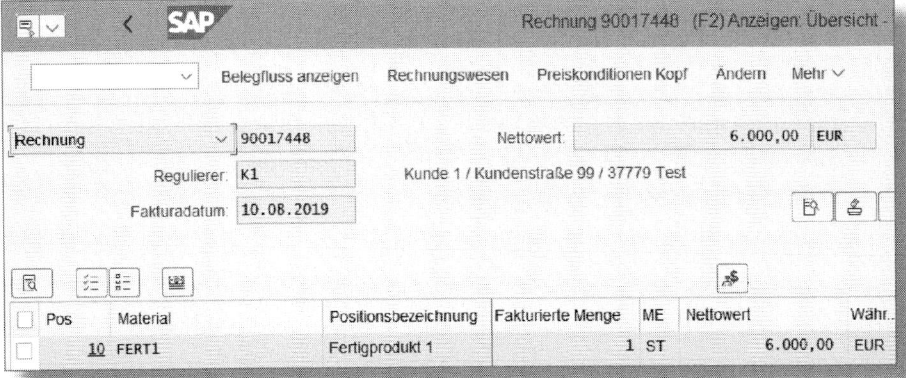

Abbildung 6.2: Kopfdaten Faktura

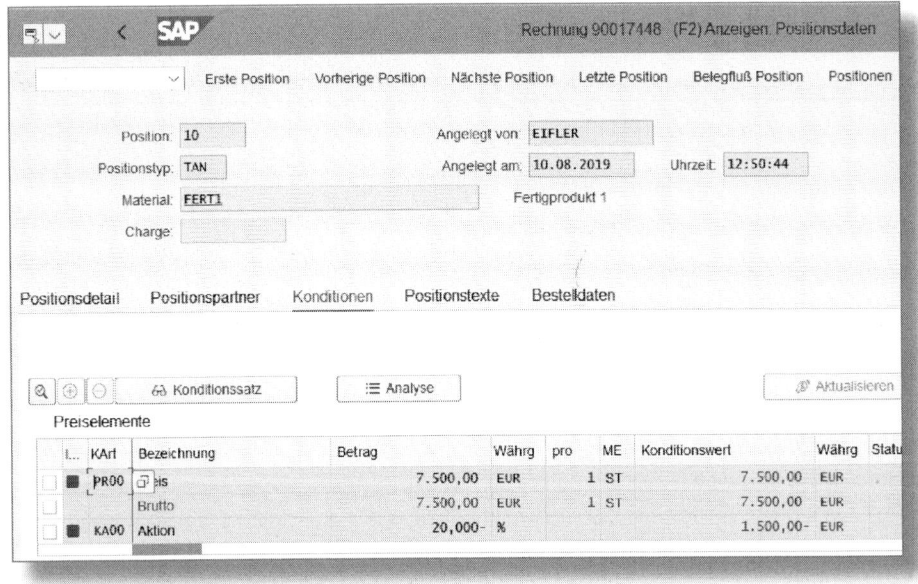

Abbildung 6.3: Fakturakonditionen I

Sie können in den Konditionen theoretisch noch den Bruttolistenpreis oder die Rabattkonditionen verändern, falls Sie das nach Kundenauftragserhalt noch mit Ihrem Kunden vereinbart haben. Wir erkennen, wie bereits im Abschnitt 4.2 beschrieben, dass ein Bruttolistenpreis

PR00 in Höhe von *7.500 EUR* und ein RABATT *KA00* in Höhe von *20 %* auf den Bruttoumsatz gefunden wurden.

Abbildung 6.4 zeigt, dass wir beim Runterscrollen in dieser Konditionsliste weitere Konditionen angezeigt bekommen.

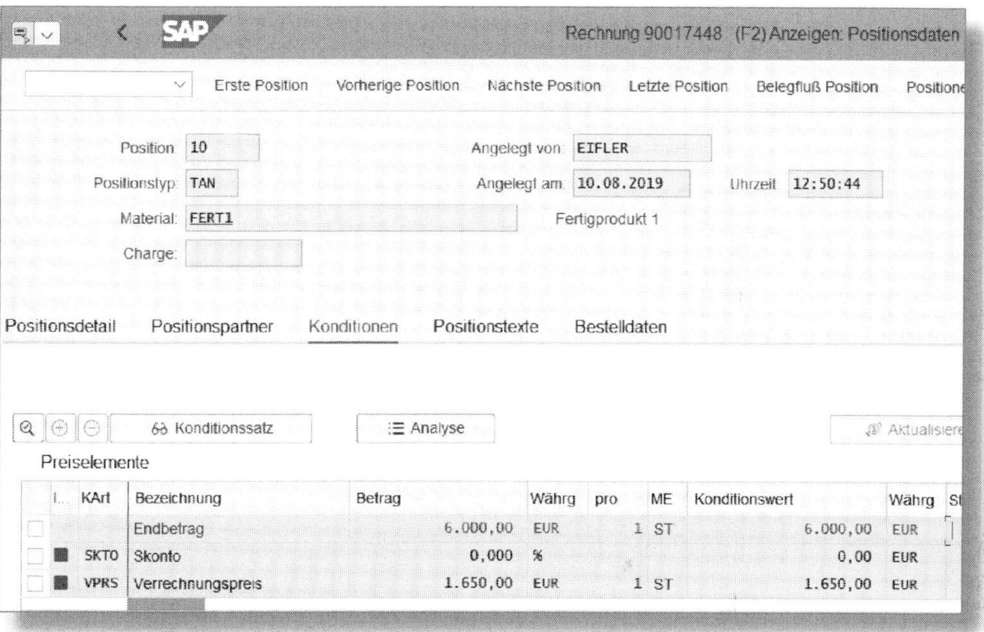

Abbildung 6.4: Fakturakonditionen II

6.2 Die Konditionsart VPRS

In diesem Abschnitt legen wir ein besonderes Augenmerk auf die *Konditionsart VPRS*, die von SAP standardmäßig ausgeliefert wird. Sie spiegelt die tatsächlich in FI gebuchten Kosten des Warenausgangs wider! Im vorherigen Kapitel hatten wir Warenausgangskosten in Höhe von *1.650 EUR* erfasst, genau dieser Wert steht nun als Konditionswert in der Konditionsart *VPRS* (Abbildung 6.4). Den VPRS-Wert benötigen wir für die Übergabe der Kosten des Warenausgangs in die kalkulatorische Ergebnisrechnung.

Damit sieht die Faktura eigentlich ganz gut aus. Wir speichern und erhalten hoffentlich die anschließende Meldung »Beleg … gesichert«. Wenn diese Meldung erscheint, wurde parallel auch schon ins Rechnungswesen gebucht. Anderenfalls weist Sie das System darauf hin, dass die Freigabe in die Buchhaltung (und damit auch ins CO und CO-PA) noch zu erfolgen hat. Wir hatten aber Glück und betrachten nun, weil uns nur das an dieser Stelle interessiert, die Rechnungswesenbelege (Start mit *VF03*, siehe Abbildung 6.5).

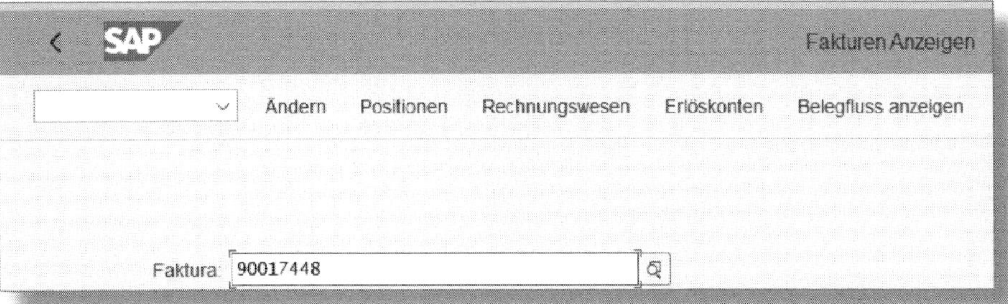

Abbildung 6.5: Faktura anzeigen – Einstieg

6.3 Schnittstelle zum Rechnungswesen

Abbildung 6.6 listet die erzeugten Rechnungswesenbelege auf.

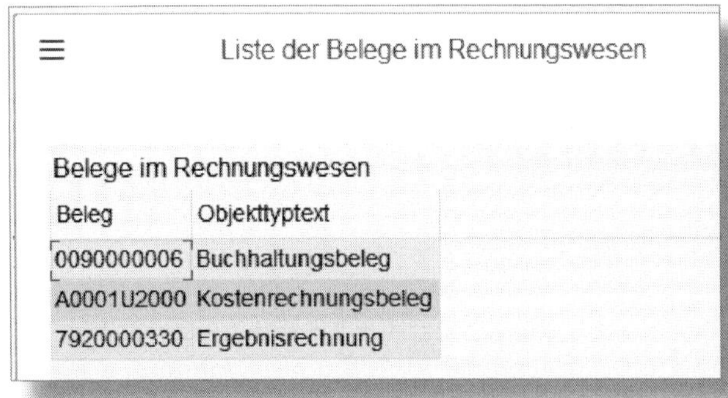

Abbildung 6.6: Erzeugte Fakturabelege

Beleg Ergebnisrechnung

Warum sehen Sie jetzt einen Beleg zur Ergebnisrechnung? Weil Sie im Customizing, wie in Abschnitt 4.3 beschrieben, die zugehörige Bedarfsklasse in der Kundenauftragsposition so eingestellt haben, dass Sie die Faktura direkt und in Echtzeit an CO-PA übergeben! Ansonsten hätten Sie diese Erlöse erst auf dem Kundenauftrag gesammelt, den Sie dann spätestens zum Monatsende an die Ergebnisrechnung abzurechnen hätten.

Beleg Buchhaltung

Aus Vereinfachungsgründen haben wir für den Buchhaltungsbeleg (siehe Abbildung 6.7) auf eine Betrachtung von Umsatzsteuern verzichtet.

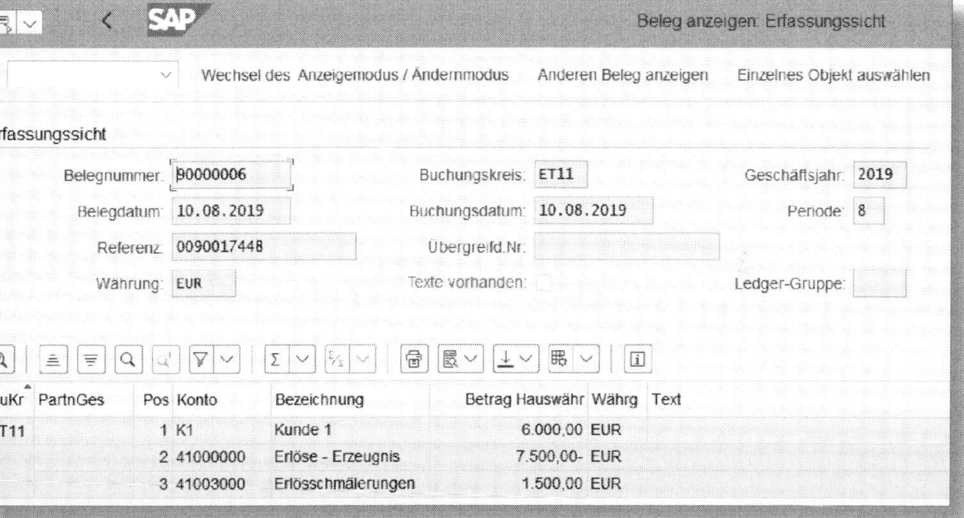

Abbildung 6.7: Fakturabeleg FI

Der Bruttoumsatz wurde auf Konto *41000000*, der Rabatt auf Konto *41003000* gebucht. Wie hat das SAP-System diese Konten gefunden? Dies wird im SD-Customizing über die SD-Kontenfindung gesteuert.

Dorthin gelangen Sie im Einstellungsmenü über VERTRIEB • GRUNDFUNKTIONEN • ERLÖSKONTENFINDUNG • SACHKONTEN ZUORDNEN.

Für das SACHKONTO *41000000* haben wir die in Abbildung 6.8 gezeigten Einstellungen vorgenommen.

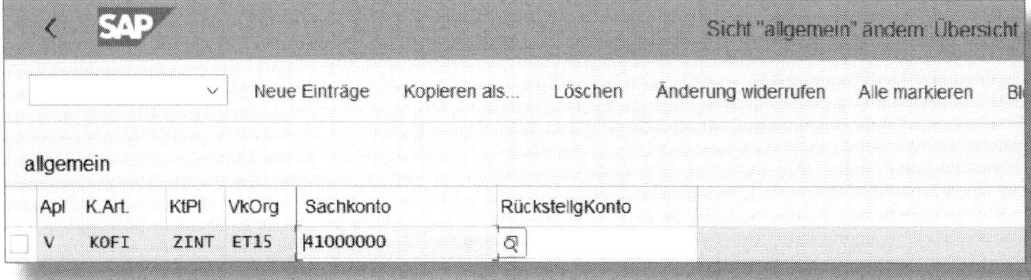

Abbildung 6.8: Erlöskontenfindung I

Durch die Zuordnung des Sachkontos *410000000* zur Verkaufsorganisation *ET15*, dem Kontenplan *ZINT*, der Kalkulationsart *KOFI* und letzten Endes zur Applikation *V* (Vertrieb) wird es für die Sachkontenbuchung gefunden. Sie können diese Einstellung auch auf einem spezielleren Level pflegen (da sind Ihrer Fantasie keine Grenzen gesetzt).

SAP — Sicht "KtoSchl" ändern: Übersicht

Neue Einträge | Kopieren als... | Löschen | Änderung widerrufen | Alle markieren

KtoSchl

Apl	K.Art.	KtPl	VkOrg	KtoSl	Sachkonto	RückstellgKonto
V	KOFI	ZINT	ET15	ERL	41000000	
V	KOFI	ZINT	ET15	ERS	41003000	

Abbildung 6.9: Erlöskontenfindung II

In Abbildung 6.9 ist die Spalte KTOSCHL (Kontenschlüssel) wichtig. *ERL* steht für Erlöse, *ERS* für Erlösschmälerungen. Mithilfe dieses Kontenschlüssels kann die Sachkontenfindung noch genauer eingestellt werden.

Sachkonten mit Kostenartentyp

Für die kalkulatorische Ergebnisrechnung mussten Sie die Konten mit dem Kostenartentyp »11« bzw. »12« anlegen. In der buchhalterischen Ergebnisrechnung werden die Sachkonten zunächst mit der entsprechenden Sachkontoart »P« angelegt (Erlöse/ Primärkosten). Erst in dem für dieses Konto anschließend erscheinenden Kostenartensegment legen Sie den jeweiligen Kostenartentyp (»11« oder »12«) fest.

Beleg Kostenrechnung

Mit der Faktura wurde ein zweiter Beleg gebucht: der Kostenrechnungsbeleg (siehe Abbildung 6.10).

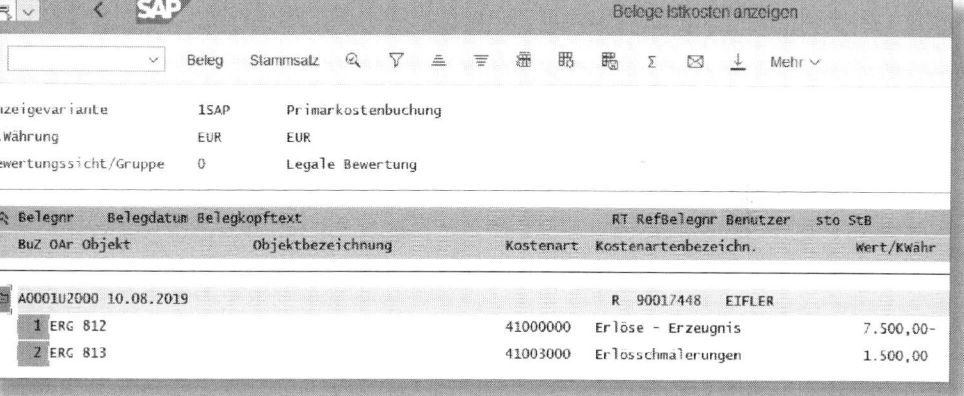

Abbildung 6.10: Kostenrechnungsbeleg Faktura

Dieser wird erzeugt, da wir die beiden bebuchten FI-Konten *41000000* und *41003000* als Sachkonten vom Typ »Kostenart« angelegt haben. Somit hat diese Buchung außerdem Auswirkungen auf das Controlling. Für beide Buchungszeilen wird als CO-Objekt ein *Ergebnisobjekt* ausgewählt. So kommen wir zum dritten Beleg, dem Ergebnisrechnungsbeleg:

Beleg Ergebnisrechnung

Sehen wir uns nun den Einzelposten im kalkulatorischen CO-PA an, der durch die Faktura erzeugt wurde. Da wir in der Faktura keine Veränderung zum ursprünglichen Kundenauftrag vorgenommen haben, sehen sich Kundenauftrags- und Fakturaeinzelposten im CO-PA sehr ähnlich. Wir können sie aber am Merkmal VORGANGSART unterscheiden: Der Kundenauftrag hatte hier die Merkmalsausprägung *A* (vgl. Abbildung 3.25*)*, die Faktura (Abbildung 6.11) zeigt sich an der VORGANGSART *F*.

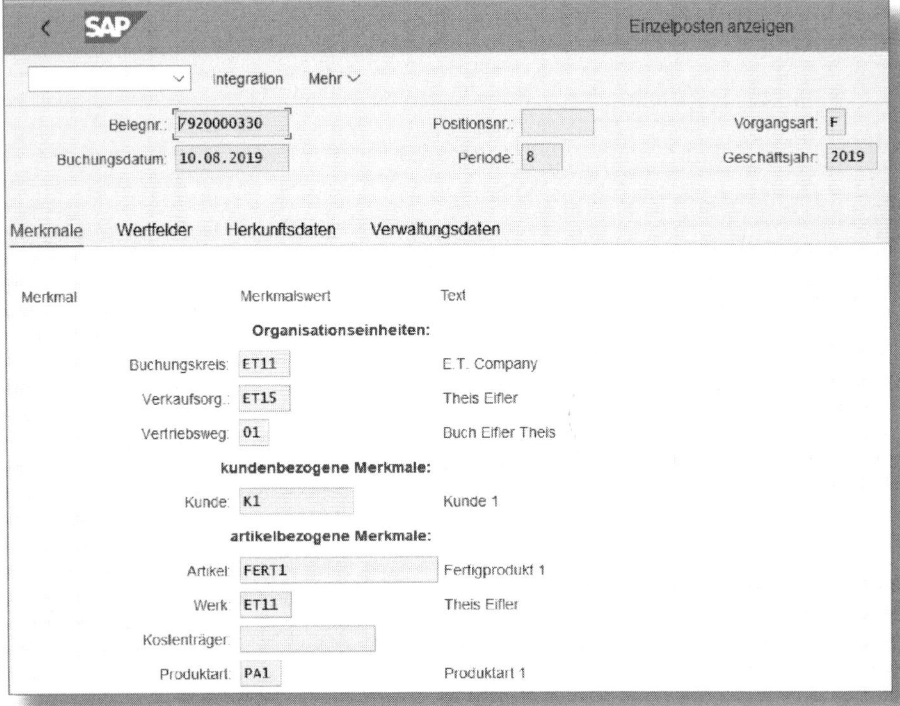

Abbildung 6.11: Merkmale des Fakturaeinzelpostens (I)

Sie sehen in diesem Einzelposten ferner, dass der ursprüngliche Bezug zum Kundenauftrag erhalten geblieben ist, d.h., Sie werden in einem CO-PA-Bericht diesen Fakturaeinzelposten auf dem Merkmal KUNDENAUFTRAG *32174* wiederfinden (siehe Abbildung 6.12).

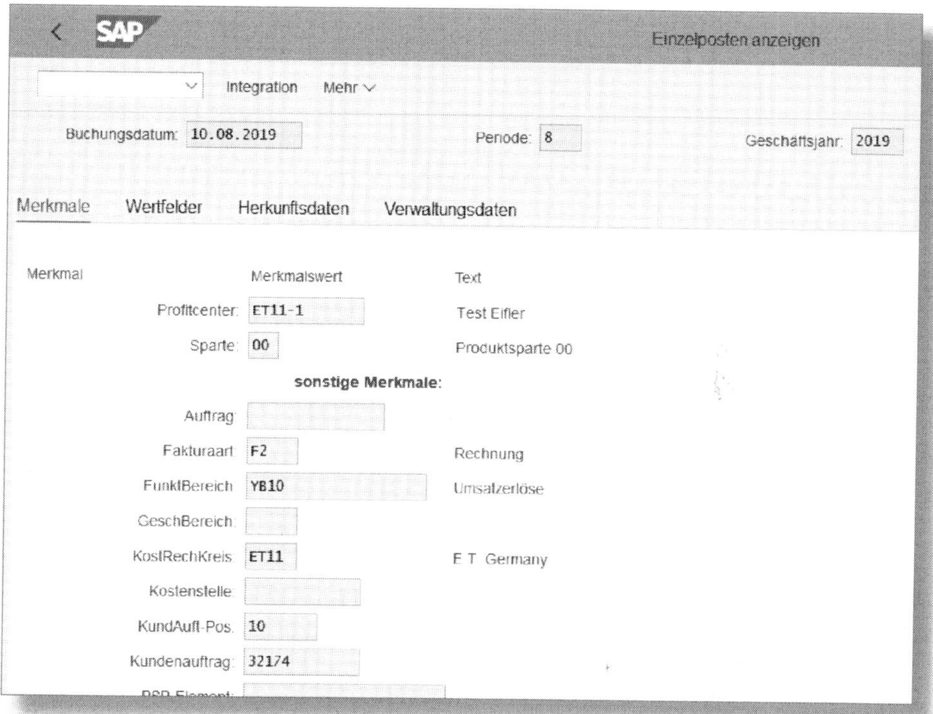

Abbildung 6.12: Merkmale des Fakturaeinzelpostens (II)

Die Rechnungskonditionsarten PR00 und KA00 wurden in die Wertfelder ERLOES (Abbildung 6.13) und SONSTIGE RABATTE (Abbildung 6.14) übernommen. Die Konditionsart VPRS wurde in das Wertfeld KOSTEN WARENAUSGANG überstellt.

Die Übernahme der Wertfelder MATERIALEINSATZ, MATERIALGEMEINKOSTEN, FERTIGUNGSKOSTEN und FERTIGUNGSGEMEINKOSTEN erfolgte kalkulatorisch im Rahmen der Bewertung mit der Standardkalkulation. Für diese Positionen wurde für die kalkulatorische Ergebnisrechnung weder etwas im FI noch an anderer Stelle im CO gebucht!

Abbildung 6.13: Wertfelder des Fakturaeinzelpostens (I)

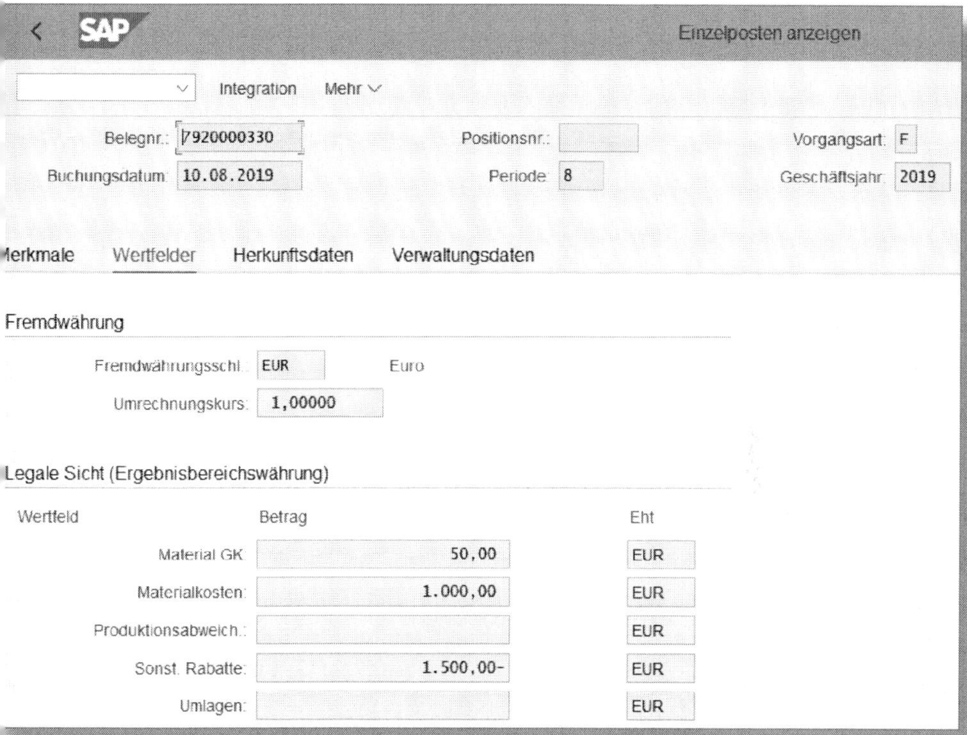

Abbildung 6.14: Wertfelder des Fakturaeinzelpostens (II)

Was aber resultiert daraus in der buchhalterischen Ergebnisrechnung? Wie Sie im Belegfluss zu dieser Faktura gesehen haben, bezieht sich der Ergebnisrechnungsbeleg auf die kalkulatorische Ergebnisrechnung. Für die buchhalterische Ergebnisrechnung genügen die Buchhaltungsbelege und der Kostenrechnungsbeleg, und zwar sowohl für den buchhalterischen CO-PA-Einzelposten als auch für den Tabelleneintrag im Universal Journal unter S/4HANA.

Neben denselben Merkmalsausprägungen wie im kalkulatorischen CO-PA-Einzelposten werden im buchhalterischen CO-PA-Einzelposten außerdem Konten anstelle der Wertfelder dargestellt (siehe dazu Abbildung 6.10 und Abbildung 6.15).

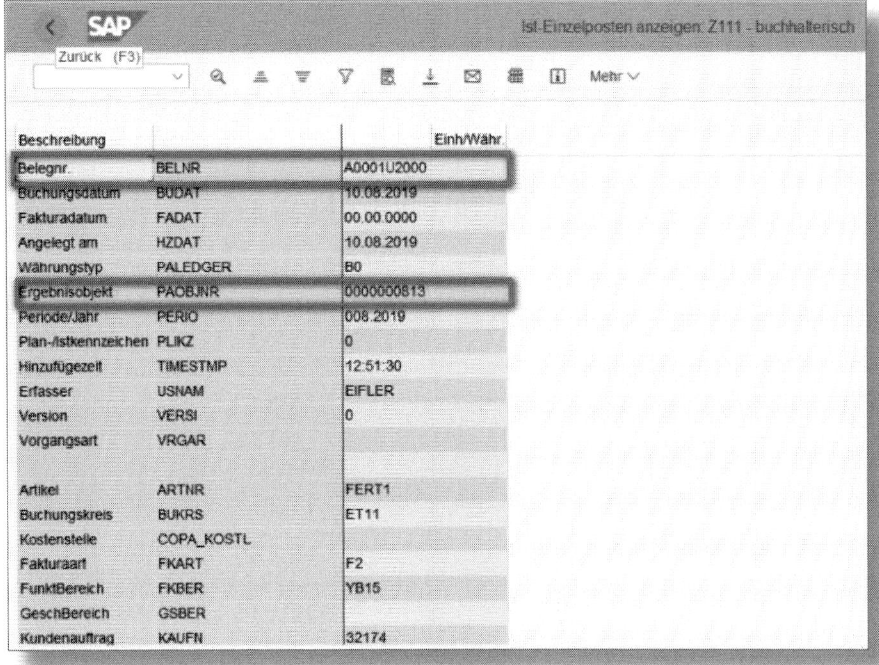

Beschreibung		Einh/Währ.
Belegnr.	BELNR	A0001U2000
Buchungsdatum	BUDAT	10.08.2019
Fakturadatum	FADAT	00.00.0000
Angelegt am	HZDAT	10.08.2019
Währungstyp	PALEDGER	B0
Ergebnisobjekt	PAOBJNR	0000000813
Periode/Jahr	PERIO	008.2019
Plan-/Istkennzeichen	PLIKZ	0
Hinzufügezeit	TIMESTMP	12:51:30
Erfasser	USNAM	EIFLER
Version	VERSI	0
Vorgangsart	VRGAR	
Artikel	ARTNR	FERT1
Buchungskreis	BUKRS	ET11
Kostenstelle	COPA_KOSTL	
Fakturaart	FKART	F2
FunktBereich	FKBER	YB15
GeschBereich	GSBER	
Kundenauftrag	KAUFN	32174

Abbildung 6.15: Merkmalsausprägungen im buchhalterischen CO-PA-Beleg zur Faktura

Der Kostenrechnungsbeleg zur Faktura *A0001U2000* findet sich auch im Universal Journal wieder (siehe Abbildung 6.16). Er kann z. B. mithilfe der Transaktion *SE16N* im Feld CO_BELNR der ACDOCA ausgegeben werden.

Sie können im Prinzip wie im bisherigen ERP-System über die Transaktion *KE30* eigene buchhalterische Berichte zu den CO-PA-Daten aufrufen (siehe Abbildung 6.17).

SAP
ACDOCA: Anzeige der gefundenen Einträge
Auffrischen
Selektionskriterien anzeigen
Selektionskriterien: Betriebswirtschaftliche Sicht
Mehr
Zu durchsuchende Tabelle: ACDOCA
Anzahl Treffer: 2
Laufzeit: 0
Maximale Trefferzahl: 500
Detail
Ld BuKr. Jahr Belegnr BuZei Pos Belegnr BuZ BZ1 BZ2 BZ5 BZ6 BZ7 BuZ ZR1 ZR2 ZR5 ZR6 ZR6 WorkitemID ID
0L ET11 2019 90000006 000002 1 A0001U2000 1 10
0L ET11 2019 90000006 000003 2 A0001U2000 2 10

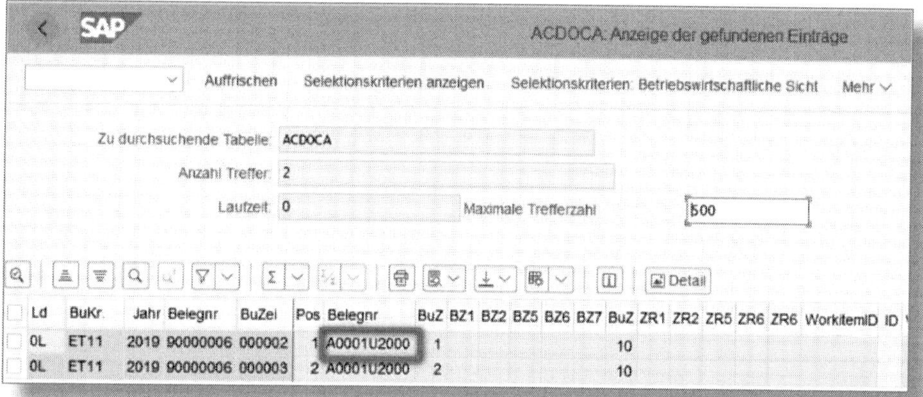

Abbildung 6.16: Kostenrechnungsbeleg zur Faktura in der ACDOCA

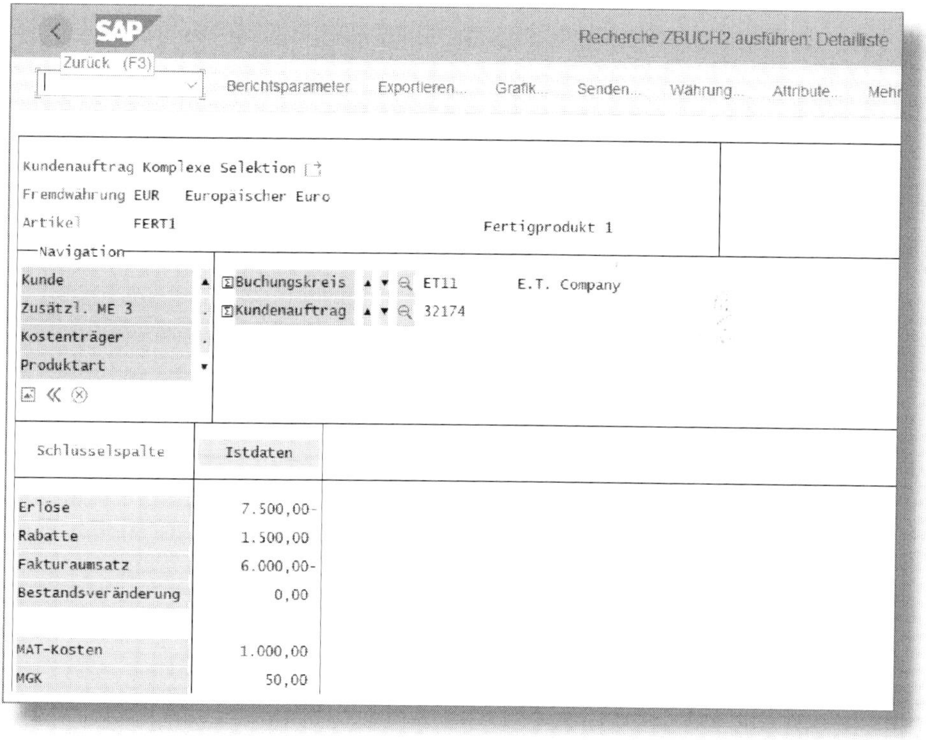

SAP
Recherche ZBUCH2 ausführen: Detailliste
Zurück (F3)
Berichtsparameter
Exportieren...
Grafik...
Senden...
Währung...
Attribute...
Mehr
Kundenauftrag Komplexe Selektion
Fremdwährung EUR Europäischer Euro
Artikel FERT1 Fertigprodukt 1
Navigation
Kunde
Zusätzl. ME 3
Kostenträger
Produktart
Buchungskreis ET11 E.T. Company
Kundenauftrag 32174
Schlüsselspalte
Istdaten
Erlöse 7.500,00-
Rabatte 1.500,00
Fakturaumsatz 6.000,00-
Bestandsveränderung 0,00
MAT-Kosten 1.000,00
MGK 50,00

Abbildung 6.17: Buchhalterischer CO-PA-Bericht

Wenn Sie allerdings für die buchhalterische Ergebnisrechnung unter S/4HANA keinen KE30-Bericht mehr verwenden möchten, können Sie sich die Ergebnisse nach der Fakturierung auch über vorgegebene oder eigene Fiori-Apps ansehen, wie etwa mithilfe der folgenden Fiori-App:

Da Sie die Daten im Single Point of Truth, also dem Universal Journal, gespeichert haben und diese Tabelle die Basis für Ihre normale Bilanz- und GuV-Struktur bildet, können Sie zur Selektion Ihrer Daten entweder Ihre bestehende Bilanz- und GuV-Struktur heranziehen oder alternativ eine zusätzliche erfassen, die Ihre buchhalterische Deckungsbeitragsstruktur enthält.

Wir haben so eine alternative Struktur *ZBUC* gebaut und diese als Sachkontenhierarchie in der Selektion der Fiori-App »Marktsegmente – Ist« verwendet. Zusätzlich haben wir in der Selektion noch einen Filter auf unseren ursprünglichen Kundenauftrag 32174 gesetzt und erhalten nun das in Abbildung 6.18 gezeigte Ergebnis.

Auch hier können Sie, wie Sie das bereits aus den KE30-Berichten der kalkulatorischen Ergebnisrechnung gewohnt sind, Ihre Daten auf allen im Rahmen Ihrer Fakturierung mitgegebenen oder abgeleiteten Merkmalen sehen. Entsprechende Drilldowns sind ebenfalls möglich.

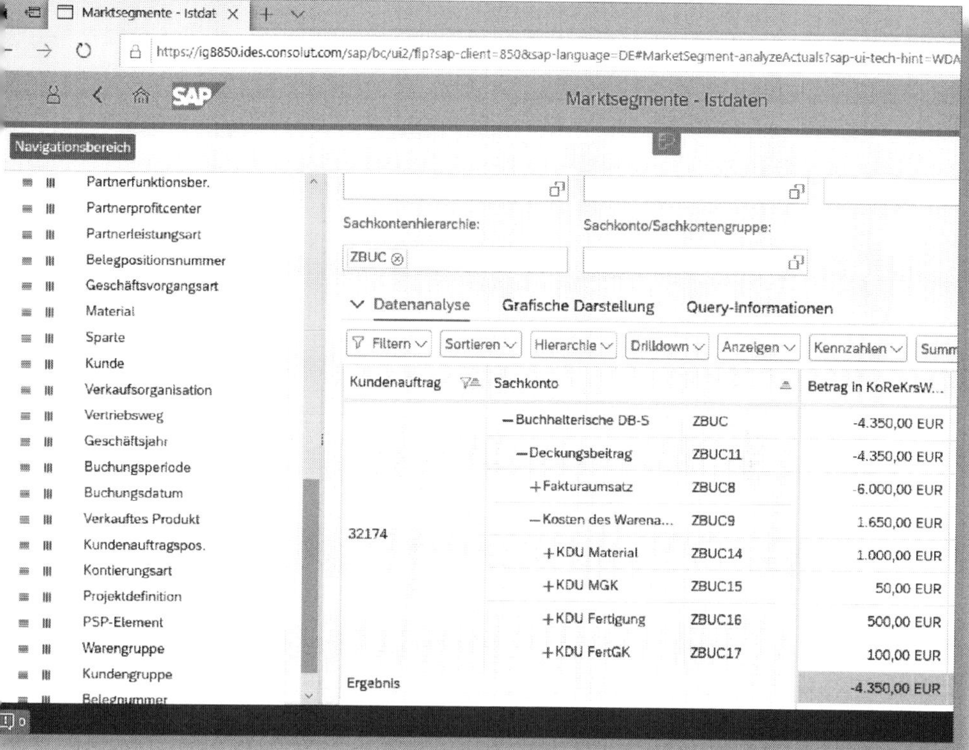

Abbildung 6.18: Buchhalterischer Deckungsbeitragsbericht für Kundenauftrag 32174

An dieser Stelle wollen wir erneut auf die App »Bruttomarge« zu sprechen kommen, die wir uns bereits im Abschnitt 3.3 angesehen haben. Wie wir in Abbildung 6.19 sehen, liegen alle prognostizierten Werte und somit unsere Auftragseingangswerte bei null Euro. Stattdessen haben wir nun Ist-Werte. Da die vermuteten Werte die Summe aus Ist- und prognostizierten Werten sind, müssen die vermuteten Werte mit den Ist-Werten identisch sein. Mit dieser App können wir also ganz flexibel entweder ausschließlich Kundenauftragseingänge analysieren oder nur die gebuchten Ist-Werte bzw. eine Kombination aus beiden Werten für eine Art Forecast abbilden.

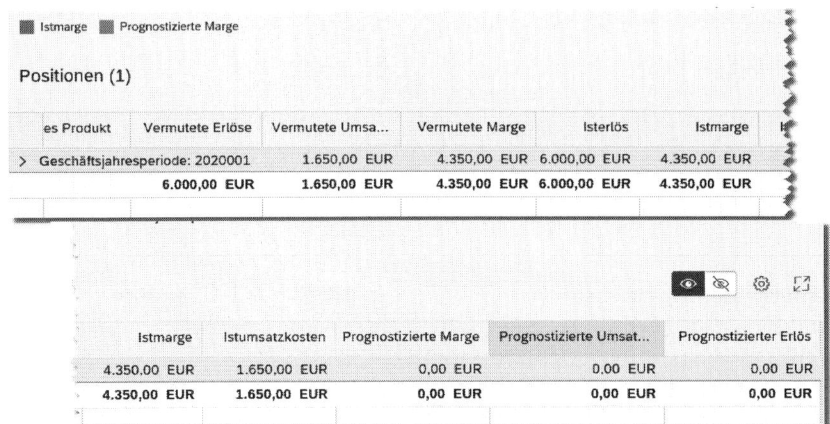

Abbildung 6.19: App »Bruttomarge« – Faktura

Welche Veränderungen haben sich durch die Faktura in unserem Wertefluss ergeben (siehe markierte Hervorhebungen in Abbildung 6.20)?

		Kostenstelle	Fertigungsauftrag	Kalkulatorische Ergebnisrechnung			Buchhalterische Ergebnisrechnung unter S/4HANA	
GuV	Wert	Wert	Wert	DB-Struktur	Ist-Wert	Kalk. Werte	DB-Struktur	Wert
Umsatz								
Umsatzerlöse	-7.500			Bruttoumsatz	-7.500		Bruttoumsatz	-7.500
Erlösschmälerungen	1.500			Rabatte	1.500		Rabatte	1.500
Bestandsveränderungen				Fakturaumsatz	-6.000		Fakturaumsatz	-6.000
WE Fertige Erzeugnisse	-1.650		-1.650					
WE Fertige Erzeugnisse	-360							
WA Fertige Erzeugnisse				Kosten des WA	1.650		Kosten des WA	
KdU Material	1.000						KdU Material	1.000
KdU MGK	50						KdU MGK	50
KdU Fertigung	500						KdU Fertigung	500
KdU FertGK	100						KdU FertGK	100
Produktionsabweichung			-360	Produktionsabw.	360		Produktionsabw.	
Pr Diff QTYV	300						Pr Diff QTYV	300
Pr Diff INPV	60						Pr Diff INPV	60
Materialaufwand								
Verbrauch Rohstoffe	1.000		1.000	Materialeinsatz		1.000		
MGK		-50	50	MGK		50		
Personalaufwand								
Personalstunden		-800	800	Fertigungskosten		500		
FGK		-160	160	FGK		100		
Löhne Produktion	1.500	1.500						
Gehalt Prod.Ltg.	1.000	1.000		Deckungsbeitrag	-3.990		Deckungsbeitrag	-3.990
Löhne Einkauf	1.000	1.000						
Sonstiges								
Umlage CCA->CO-PA				Umlagen			Umlagen	
Ergebnis	-1.500	2.490	0	Ergebnis	-3.990		Ergebnis	-3.990

Abbildung 6.20: Wertefluss FI/CO/CO-PA (VII)

Grafisch lässt sich die Faktura als Teil des logistischen Prozesses wie in Abbildung 6.21 darstellen.

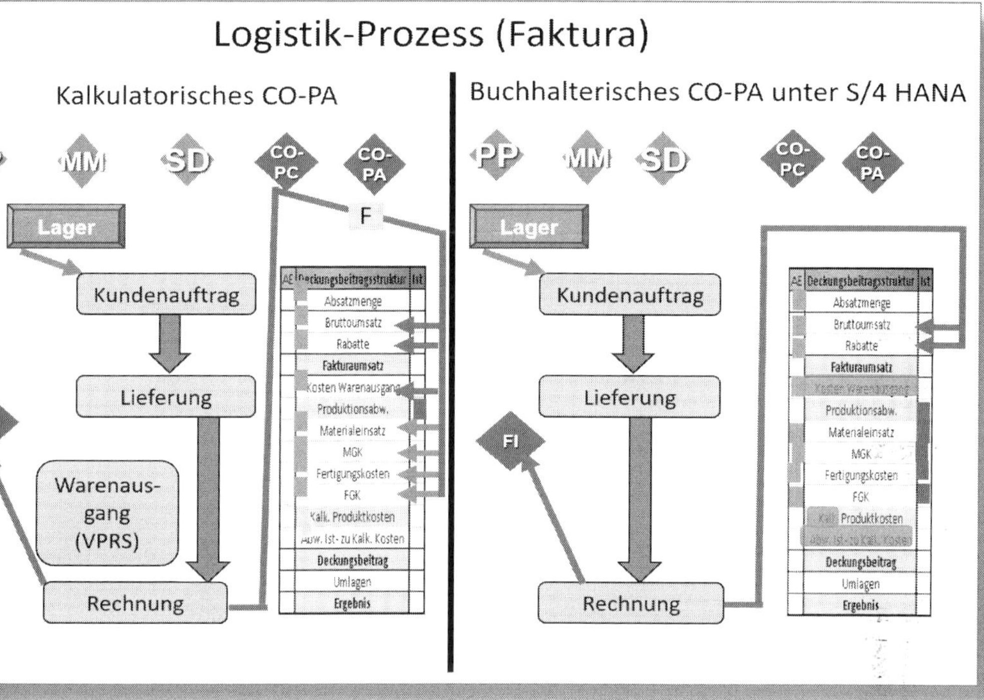

Abbildung 6.21: Prozess Faktura

Was genau sagt uns diese Grafik?

1. Mit Rechnungserstellung wird der Umsatz im FI gebucht.

2. Ferner werden im kalkulatorischen CO-PA je Fakturaposition Einzelposten geschrieben, die Absatzmenge, Bruttoumsatz, Rabatte und Kosten des Warenausgangs beinhalten. Diese Felder sind mit FI eins zu eins abstimmbar.

3. Die anderen Wertfelder beschreiben kalkulatorische Werte. In diesem Fall wird das Ergebnis der Multiplikation der Absatzmenge mit den Kostenelementen der Standardkalkulation (aus CO-PC) in den entsprechenden Wertfeldern dargestellt.

4. Die Darstellung auf der rechten Seite der Grafik beschreibt den buchhalterischen Ergebnisrechnungsprozess. Es werden nur noch Erlöse und Rabatte übergeben. Alle anderen Positionen, die die Kosten des Warenausgangs darstellen, wurden bereits zum Zeitpunkt des Warenausgangs übergeben.

6.4 Möglichkeiten zur Umsatz- oder Cost-of-Sales-Korrektur im kalkulatorischen CO-PA

Wenn Sie aber spätestens zum Periodenende Differenzen im Umsatz oder in den Kosten des Warenausgangs zwischen FI und dem kalkulatorischen CO-PA entdecken, wie können Sie dann Anpassungen im CO-PA vornehmen, damit beide Module wieder übereinstimmen? It depends ...

Liegt ein Fakturafehler vor, gilt grundsätzlich:

Korrektur am Ursprung.

Dann werden automatisch im FI und CO-PA Korrekturbelege erzeugt. Genauer gesagt, wird im CO-PA der bisherige Einzelposten storniert und ein neuer Einzelposten erstellt.

Wenn aber z. B. die Faktura im FI und SD korrekt ist, im CO-PA aber – vielleicht aufgrund eines Fehlers im CO-PA-User-Exit – ein falsches Wertfeld gefüllt ist, können Sie diese Faktura im CO-PA erneut erfassen:

Die Transaktion *KE4ST* bietet die Möglichkeit, eine nochmalige Fakturaübernahme zu simulieren, d. h., Sie können überprüfen, ob ein neuer Fakturaeinzelposten den gewünschten Erfolg bringt.

Über die Transaktion *KE4S* erzeugen Sie einen neuen Fakturaeinzelposten zum entsprechenden SD-Beleg (siehe Abbildung 6.22).

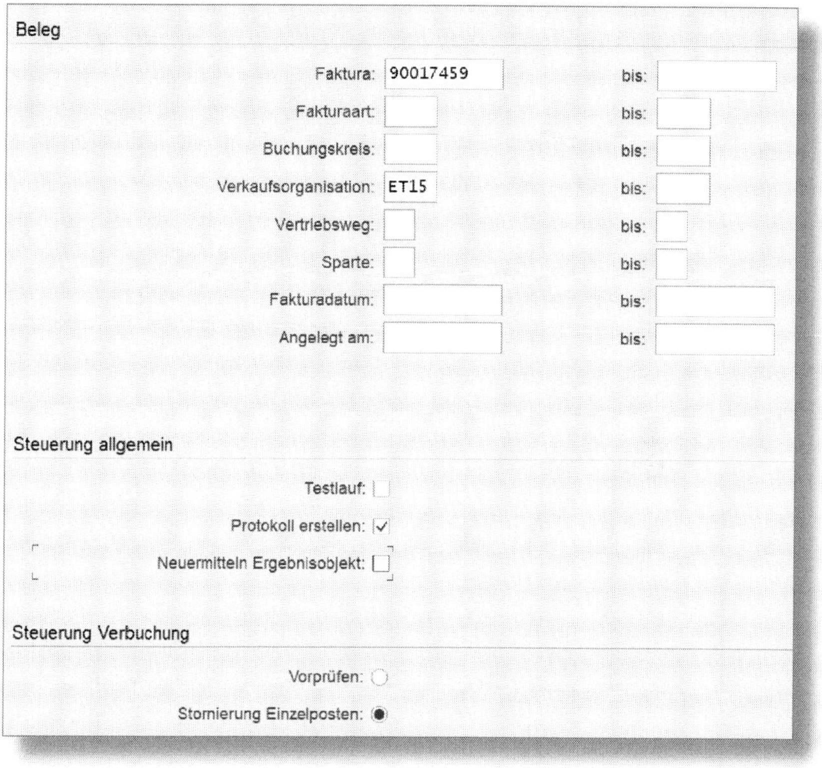

Beleg

Faktura: 90017459 bis:
Fakturaart: bis:
Buchungskreis: bis:
Verkaufsorganisation: ET15 bis:
Vertriebsweg: bis:
Sparte: bis:
Fakturadatum: bis:
Angelegt am: bis:

Steuerung allgemein

Testlauf: ☐
Protokoll erstellen: ☑
Neuermitteln Ergebnisobjekt: ☐

Steuerung Verbuchung

Vorprüfen: ○
Stornierung Einzelposten: ●

Abbildung 6.22 : Selektion KE4S

Als Ergebnis erscheint nun Abbildung 6.23: Es wurden zwei neue CO-PA-Einzelposten erzeugt.

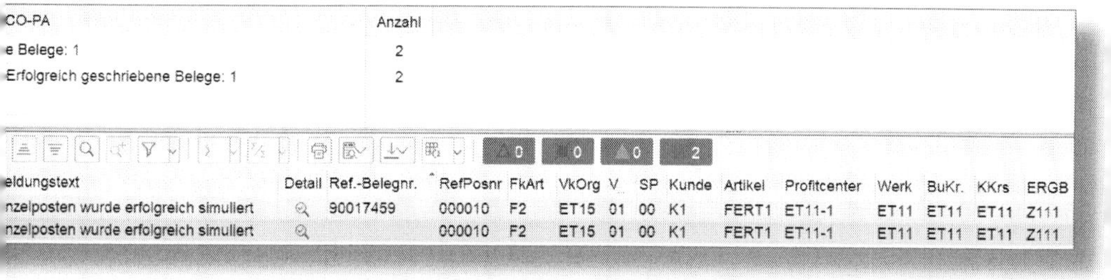

CO-PA	Anzahl
e Belege: 1	2
Erfolgreich geschriebene Belege: 1	2

0 0 0 2

eldungstext	Detail	Ref.-Belegnr.	RefPosnr	FkArt	VkOrg	V	SP	Kunde	Artikel	Profitcenter	Werk	BuKr.	KKrs	ERGB
nzelposten wurde erfolgreich simuliert		90017459	000010	F2	ET15	01	00	K1	FERT1	ET11-1	ET11	ET11	ET11	Z111
nzelposten wurde erfolgreich simuliert			000010	F2	ET15	01	00	K1	FERT1	ET11-1	ET11	ET11	ET11	Z111

Abbildung 6.23: Ergebnis KE4S

Wenn Sie sich mithilfe der Lupe den dazugehörigen Ursprungsbeleg, in diesem Fall die Faktura, ansehen und anschließend den Button RECHNUNGSWESEN drücken, sehen Sie in der aufgeklappten Liste (Abbildung 6.24), dass unsere Faktura nun drei CO-PA-Einzelposten (Ergebnisrechnung) hat: den fehlerhaften Ursprungseinzelposten, den Stornoeinzelposten und den Korrektureinzelposten.

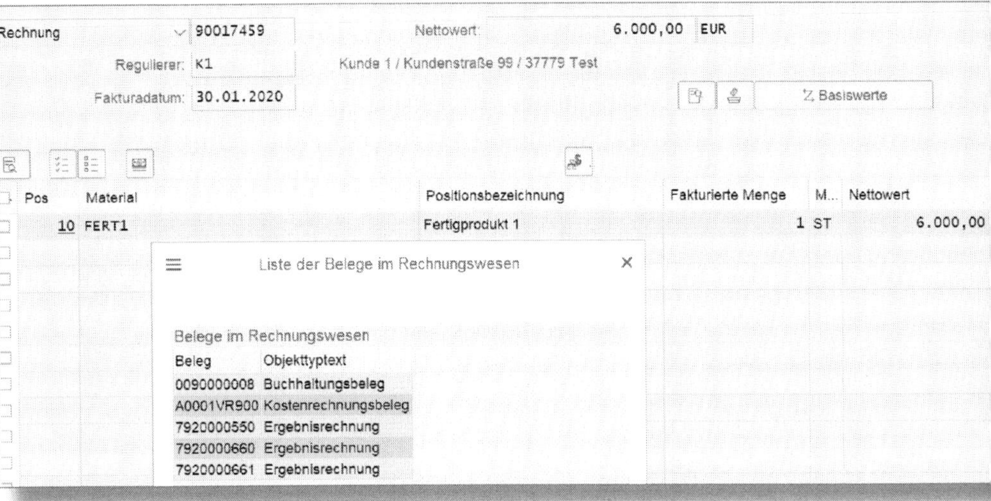

Abbildung 6.24: Ergebnis KE4S II

Ein wesentlicher Grund, warum S/4HANA von der SAP so forciert wird, ist, dass mit den FI-Buchungen im Universal Journal und der Mitgabe der buchhalterischen Ergebnisrechnungsinformationen in der Tabelle ACDOCA eine Abstimmung zwischen X und Y nicht mehr erforderlich ist. Single Point of Truth – es gibt nur noch eine Datenquelle! Abweichungen zwischen FI und der buchhalterischen Ergebnisrechnung treten nicht mehr auf und müssen somit auch nicht mehr abgestimmt werden.

7 Umlage in das CO-PA

Als letzten Schritt in unserem Wertefluss beschäftigen wir uns mit der Kostenstellenumlage in die Ergebnisrechnung. Diese Umlage dient zur Verrechnung der Istkosten von Kostenstellen auf Ergebnisobjekte ins CO-PA, und zwar sowohl in die buchhalterische Ergebnisrechnung (kontenbasiert) als auch in die Wertfelder der kalkulatorischen Ergebnisrechnung (wertfeldbasiert).

7.1 Der Umlageprozess in die Ergebnisrechnung

Mit dieser Funktion sind wir in der Lage, die jeweilige Über-/Unterdeckung unserer Kostenstellen Produktion (KS1), Einkauf (KS3) sowie Produktionsleitung (KS4) an CO-PA zu übergeben bzw. auf gewisse Merkmale in beiden Formen der Ergebnisrechnung umzulegen.

Was bedeutet Über-/Unterdeckung?

In unserem Wertefluss haben wir auf drei Kostenstellen Istkosten gebucht: Löhne auf die Kostenstellen KS1 und KS3 sowie Gehälter auf die Kostenstelle KS4. Während des Produktionsprozesses haben wir sowohl über die Interne Leistungsverrechnung der Personalstunden als auch über die Zuschlagskalkulation unsere drei Kostenstellen entlastet und unseren Fertigungsauftrag belastet. Die Über-/Unterdeckung ist genau der Betrag, der am Ende des Tages auf den drei Kostenstellen übrig bleibt:

Über-/Unterdeckung = Belastungen – Entlastungen

Ansehen können wir uns die Über-/Unterdeckungen der Kostenstellen u. a. mit der Transaktion *KSB1* (Kostenstellen Einzelposten Istkosten anzeigen) (siehe Abbildung 7.1). Oder Sie rufen die folgende Fiori-App auf:

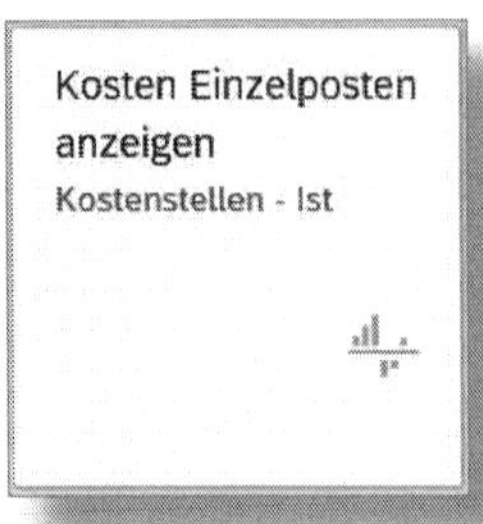

Kostenart	Kostenartenbezeichn.	Σ	Wert/BWähr
61103000	Löhne		1.500,00
94311000	Pers.std.		800,00-
Kostenstelle KS1 Produktion 1			**700,00**
61103000	Löhne		1.000,00
94111000	GK Material		50,00-
Kostenstelle KS3 Einkauf			**950,00**
61100000	Gehälter		1.000,00
94112000	GK Fertigung		160,00-
Kostenstelle KS4 Produktionsleitung			**840,00**
			2.490,00

Abbildung 7.1: Über-/Unterdeckung Kostenstellen

KOSTENSTELLE KS1:

- Belastung Löhne über *1.500 EUR*
- Entlastung Interne Leistungsverrechnung über *800 EUR*
- Über-/Unterdeckung über *700 EUR*

KOSTENSTELLE KS3:

- Belastung Löhne über *1.000 EUR*
- Entlastung Materialgemeinkostenzuschlag über *50 EUR*
- Über-/Unterdeckung über *950 EUR*

Kostenstelle KS4:

- Belastung Gehälter über *1.000 EUR*
- Entlastung Fertigungsgemeinkostenzuschlag über *160 EUR*
- Über-/Unterdeckung über *840 EUR*

Gesamt: *2.490 EUR*

Report für Über-/Unterdeckung von Kostenstellen

Auch der Standard-SAP-Report S_ALR_87013611 (Kostenstellen: Ist/Plan/Abweichungen) zeigt u. a. die Über-/Unterdeckung von Kostenstellen. Es handelt sich hierbei nicht um einen Einzelpostenbericht. Pro Kostenstelle und Kostenart werden die Be- und Entlastungen in Summe dargestellt.

Sie haben hier die Möglichkeit, einzelne Kostenstellen für einen bestimmten Zeitraum oder auch für einen Kostenstellenbereich bzw. eine ganze Kostenstellengruppe zu selektieren. Über die Bericht/Bericht-Schnittstelle ist in diesem Report eingestellt, dass Sie durch Doppelklick auch in die Einzelposten (Transaktion *KSB1)* abspringen können.

Der Transfer dieser Über-/Unterdeckungen von den Kostenstellen in die buchhalterische und kalkulatorische Ergebnisrechnung erfolgt mit der Ausführung sogenannter *Umlagezyklen*.

Ein Umlagezyklus steuert den Ablauf einer Umlage und enthält in den *Segmenten* alle relevanten Steuerungsinformationen zu Sendern (Kostenstellen), Empfängern (Ergebnisobjekte), Sender- und Empfängerregeln sowie Bezugsgrößen. Der Name und das Anfangsdatum bilden zusammen den eindeutigen Schlüssel des Umlagezyklus.

Im Folgenden werden wir einen Umlagezyklus für beide Formen der Ergebnisrechnung mit jeweils einem Segment pro Kostenstelle anlegen (KS1, KS3 und KS4), anschließend ausführen und uns dann das

Ergebnis sowohl in der buchhalterischen als auch in der kalkulatorischen Ergebnisrechnung anschauen.

Einen Umlagezyklus in die Ergebnisrechnung können Sie mit der Transaktion *KEU1* oder über die gezeigte Fiori-App anlegen.

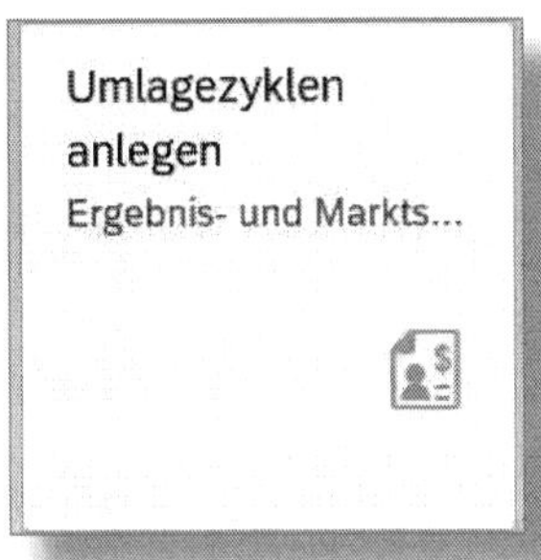

In unserem Beispiel legen wir den UMLAGEZYKLUS *ZUML* mit dem ANFANGSDATUM *01.01.2019* an (siehe Abbildung 7.2).

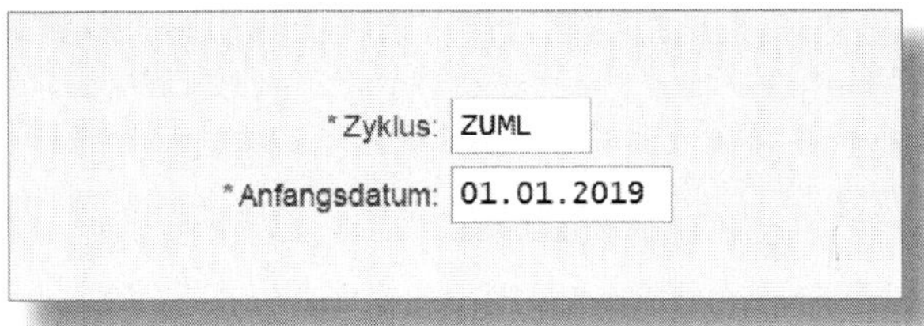

Abbildung 7.2: Umlagezyklus CO-PA anlegen

Mit der Betätigung der `Enter`-Taste gelangen wir in die Kopfdaten des Umlagezyklus (siehe Abbildung 7.3).

In den Kopfdaten geben wir als Beschreibung *Umlagezyklus COPA* ein, wählen die SENDERSELEKTIONSART *1* (Gesamtkosten), unseren KOSTENRECHNUNGSKREIS *ET11* sowie *1* (kalkulatorische Ergebnisrechnung) als FORM D. ERGRECHG. aus.

Ergebnisbereich: Z111 ET Ergebnisbereich Status: neu

Zyklus: ZUML

Anfangsdatum: 01.01.2019 bis: 31.12.2019

Text: Umlagezyklus COPA

Kennzeichen

1 Senderselektionsart

kumulierte Bezugsbasis

Voreingestellte Selektionskriterien

* KostRechKreis: ET11

* Form d. ErgRechg.: 1

Abbildung 7.3: Umlagezyklus CO-PA – Kopfdaten

Form der Ergebnisrechnung

Da wir beide Formen der Ergebnisrechnung nutzen, ist es egal, ob in dieses Feld eine »1« für die kalkulatorische oder eine »2« für die buchhalterische eingetragen wird. Wir müssen in den Segmenten sowohl eine Verrechnungskostenart als auch ein Wertfeld auswählen. Haben wir beispielsweise lediglich die buchhalterische Ergebnisrechnung im Einsatz, entfällt das Feld »Wertfeld« innerhalb der Segmente.

Anschließend können wir über den Button ANHÄNGEN SEGMENT unsere drei Segmente anlegen.

Folgende Angaben müssen wir in den jeweiligen Segmenten vornehmen und gelten gleichermaßen für jedes Segment. Sie können diese Einstellungen anhand von Abbildung 7.4 bis Abbildung 7.6 beispielhaft für das Segment zur Kostenstelle KS1 nachverfolgen:

SEGMENTNAME (siehe Abbildung 7.4):

- Den drei Segmenten geben wir jeweils den Namen der umzulegenden Kostenstelle (KS1, KS3 und KS4).

Reiter SEGMENTKOPF:

- Als UMLAGEKOSTENART wählen wir *94220000 – CO-PA Umlage*. Dieses Konto haben wir mit der Sachkontoart »Sekundärkosten« angelegt. Hierüber wird die jeweilige Entlastung auf den Kostenstellen gebucht.
- Als Empfängerwertfeld (WERTFELD GES.) geben wir *VV400 – Umlagen* an, da wir dorthin die Über-/Unterdeckung aller Kostenstellen transferieren wollen.
- Als SENDERWERTE wählen wir *Gebuchte Beträge* aus.
- Die EMPFÄNGERBEZUGSBASIS soll jeweils *Feste Prozentsätze* sein.

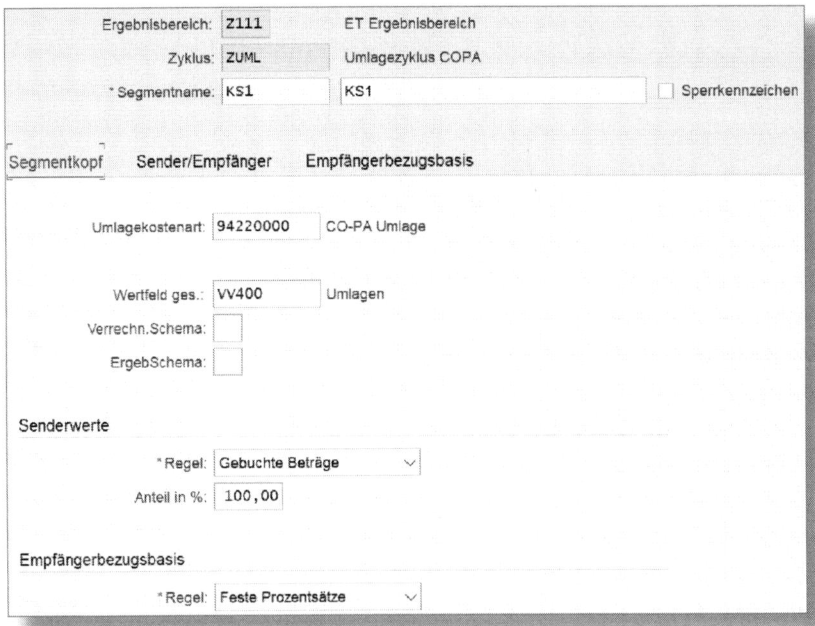

Abbildung 7.4: Umlagezyklus Segmentkopf

Reiter SENDER/EMPFÄNGER (siehe Abbildung 7.5):

- Als KOSTENSTELLE des Senders wählen wir für jedes Segment die entsprechende Kostenstelle aus (KS1, KS3 oder KS4).
- Als EMPFÄNGER wählen wir unseren Buchungskreis *ET11* und unser Material *Fert1*.

Ergebnisbereich: Z111 ET Ergebnisbereich
Zyklus: ZUML Umlagezyklus COPA
Segmentname: KS1 KS1 Sperrkennzeichen

Segmentkopf Sender/Empfänger Senderwerte Empfängerbezugsbasis

	von	bis	Gruppe
Sender:			
Kostenstelle:	KS1		
Geschäftsprozeß:			
Kostenart:			
Empfänger:			
Artikel:	FERT1		
Buchungskreis:	ET11		

Abbildung 7.5: Umlagezyklus Sender/Empfänger

Reiter EMPFÄNGERBEZUGSBASIS (siehe Abbildung 7.6):

- Als Empfängerbezugsbasis geben wir (für unseren Buchungskreis *ET11*) den prozentualen Anteil von *100 Prozent* in allen Segmenten an.

Ergebnisbereich: Z111 ET Ergebnisbereich
Zyklus: ZUML Umlagezyklus COPA
Segmentname: KS1 KS1 Sperrkennzeichen

Segmentkopf Sender/Empfänger Senderwerte Empfängerbezugsbasis

Suche nach Empfänger

Empfänger

Artikel		BuKr	Anteil/Prozent
FERT1	ET11		100,00

Abbildung 7.6: Umlagezyklus Empfängerbezugsbasis

Anhand der so vorgenommenen Einstellungen stellen wir sicher, dass mit der Ausführung des Umlagezyklus alle Über-/Unterdeckungen der Kostenstellen KS1, KS3 und KS4 zu 100 Prozent in das Wertfeld VV400 (für die kalkulatorische Ergebnisrechnung) mit den Merkmalen »Buchungskreis ET11« und »Material Fert1« transferiert werden. Die Entlastungsbuchung auf der jeweiligen Kostenstelle wird mit dem Konto 94220000 gebucht. Empfänger in der buchhalterischen Ergebnisrechnung ist das Konto 94220000 mit den Merkmalen »Buchungskreis ET11« und »Material Fert1«.

Umlagezyklus CO-PA

Innerhalb der Definition eines Umlagezyklus ins CO-PA können Sie eine Vielzahl weiterer oder anderer Einstellungen vornehmen. Sie können beispielsweise anstatt mit festen Prozentwerten mit festen Beträgen arbeiten oder anstelle eines festen Wertfelds ein Ergebnisschema wählen. Da der Fokus unseres Buches auf den Werteflüssen ins FI, CO und CO-PA liegt, werden wir an dieser Stelle nicht im Detail auf die weiteren Möglichkeiten zur Definition eines Umlagezyklus ins CO-PA eingehen.

Nachdem wir unseren Umlagezyklus angelegt haben, können wir diesen ausführen und somit die Über-/Unterdeckungen laut der Zyklusdefinition in die kalkulatorische und buchhalterische Ergebnisrechnung transferieren. Die Transaktion dafür heißt *KEU5* (siehe Abbildung 7.7). Alternativ steht Ihnen die folgende Fiori-App zur Verfügung:

Parameter

* Periode: 9 bis: 9

* Geschäftsjahr: 2019

Ablaufsteuerung

☐ Hintergrundverarbeitung

☐ Testlauf

☑ Detaillisten — Listenauswahl

Einstellungen für Simulation

Segmente für Testlauf sperren

Ausführungen im Schedule Manager zeigen

Zyklus	Anfangsdat	Text
ZUML	01.01.2019	Umlagezyklus COPA

Abbildung 7.7: Umlagezyklus ausführen

Wir wählen die entsprechende BuchungsPERIODE, das GESCHÄFTSJAHR sowie unseren Umlagezyklus *ZUML* aus. Bevor wir den Umlagezyklus buchen, können wir zur Sicherheit einen TESTLAUF durchführen.

Listenauswahl

In der LISTENAUSWAHL haben Sie die Möglichkeit, sich gewisse Detaillisten anzeigen zu lassen, etwa zu den Sendern und Empfängern. So können Sie bereits mittels Analyse der Ergebnisse der Buchungen im Testlauf festlegen, welche Sender und Empfänger gefunden und mit welchen Werten bebucht werden sollen.

Mit der Ausführung unseres Umlagezyklus im Echtlauf erhalten wir das in Abbildung 7.8 dargestellte Ergebnis.

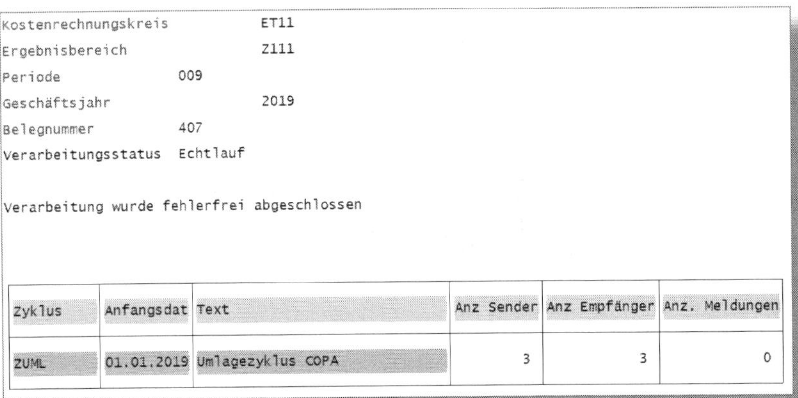

Kostenrechnungskreis ET11
Ergebnisbereich Z111
Periode 009
Geschäftsjahr 2019
Belegnummer 407
Verarbeitungsstatus Echtlauf

Verarbeitung wurde fehlerfrei abgeschlossen

Zyklus	Anfangsdat	Text	Anz Sender	Anz Empfänger	Anz. Meldungen
ZUML	01.01.2019	Umlagezyklus COPA	3	3	0

Abbildung 7.8: Umlagezyklus CO-PA – Echtlauf

Folgende Belege werden durch die Verbuchung des Umlagezyklus erzeugt:

- Buchhaltungsbeleg
- Ergebnisrechnungsbeleg

Der erste Beleg ist ein **Buchhaltungsbeleg** (siehe Abbildung 7.9). Dieser wird erzeugt, weil die CO-Objekte »Kostenstellen« mit dem Umlagekonto *94220000 – CO-PA Umlage* entlastet werden und ein Ergebnisobjekt belastet wird (durch Kombinationen aus »Konto und Merkmal« sowie »Buchungskreis und Material«).

gevariante	ISAP	Primärkostenbuchung
'ung	EUR	EUR
ungssicht/Gruppe	0	Legale Bewertung

elegnr	Belegdatum	Belegkopftext	RT	RefBelegnr	Benutzer	sto	StB
07	18.09.2019	ZUML 20190101Umlagezyklus COPA			THEIS		

Z	OAr	Objekt	Objektbezeichnung	Kostenart	Kostenartenbezeichn.	Wert/KWähr
1	ERG	1011		94220000	CO-PA Umlage	700,00
2	ERG	1012		94220000	CO-PA Umlage	950,00
3	ERG	1013		94220000	CO-PA Umlage	840,00
4	KST	KS1	Produktion 1	94220000	CO-PA Umlage	700,00-
5	KST	KS3	Einkauf	94220000	CO-PA Umlage	950,00-
6	KST	KS4	Produktionsleitung	94220000	CO-PA Umlage	840,00-

Abbildung 7.9: Buchhaltungsbeleg

Der zweite Beleg ist der **Ergebnisrechnungsbeleg**, der mit **drei** Positionen erzeugt wird, da wir in unserem Umlagezyklus drei Segmente definiert haben. Abbildung 7.10 zeigt beispielhaft eine Position des erzeugten Ergebnisrechnungsbelegs. Die Umlage wird mit der VORGANGSART *D* an die kalkulatorische Ergebnisrechnung übergeben.

Belegnr.: 228 Positionsnr.: 000001 Vorgangsart: D
Buchungsdatum: 30.09.2019 Periode: 9 Geschäftsjahr: 2019

Merkmale Wertfelder Herkunftsdaten Verwaltungsdaten

Fremdwährung

Fremdwährungsschl.: EUR Euro
Umrechnungskurs: 1,00000

Legale Sicht (Buchungskreiswährung)

Wertfeld	Betrag	Eht
Preisdifferenz PRIV:		EUR
Preisdifferenz QTYV:		EUR
Produktionsabweich.:		EUR
Sonst. Rabatte:		EUR
Umlagen:	700,00	EUR

Abbildung 7.10: CO-PA-Beleg – Umlage

Sehen wir uns als Erstes das Ergebnis in der Transaktion *KSB1* (Kostenstellen Einzelposten Istkosten) an. Wir stellen fest, dass alle Kostenstellen über das Konto *94220000 – CO-PA Umlage* entlastet wurden (siehe Abbildung 7.11).

Betrachten wir als Zweites unseren Wertefluss (siehe Abbildung 7.12):

Wir sehen, dass mit der Umlage ins CO-PA der letzte Schritt in unserem Wertefluss vollzogen wurde. Neben dem Fertigungsauftrag sind nun auch unsere Kostenstellen komplett entlastet.

Unser Werteflussschaubild zeigt, dass wir sowohl in beiden Formen der Ergebnisrechnung als auch im Finanzwesen ein übereinstimmendes Gesamtergebnis erzielt haben: In den Modulen FI und CO beträgt das Ergebnis unseres Werteflusses jeweils *1.500 EUR*.

Kostenart	Kostenartenbezeichn.	Σ	Wert/BWähr
61103000	Löhne		1.500,00
94220000	CO-PA Umlage		700,00-
94311000	Pers.std.		800,00-
Kostenstelle KS1 Produktion 1			**0,00**
61103000	Löhne		1.000,00
94111000	GK Material		50,00-
94220000	CO-PA Umlage		950,00-
Kostenstelle KS3 Einkauf			**0,00**
61100000	Gehälter		1.000,00
94112000	GK Fertigung		160,00-
94220000	CO-PA Umlage		840,00-
Kostenstelle KS4 Produktionsleitung			**0,00**
			0,00

Abbildung 7.11: Ergebnis CO-PA Umlage – Kostenstellen

		Kostenstelle	Fertigungsauftrag	Kalkulatorische Ergebnisrechnung			Buchhalterische Ergebnisrechnung unter S/4HANA	
GuV	Wert	Wert	Wert	DB-Struktur	Ist-Wert	Kalk. Werte	DB-Struktur	Wert
Umsatz								
Umsatzerlöse	-7.500			Bruttoumsatz	-7.500		Bruttoumsatz	-7.500
Erlösschmälerungen	1.500			Rabatte	1.500		Rabatte	1.500
Bestandsveränderungen				Fakturaumsatz	-6.000		Fakturaumsatz	-6.000
WE Fertige Erzeugnisse	-1.650		-1.650					
WE Fertige Erzeugnisse	-360							
WA Fertige Erzeugnisse				Kosten des WA	1.650		Kosten des WA	
KdU Material	1.000						KdU Material	1.000
KdU MGK	50						KdU MGK	50
KdU Fertigung	500						KdU Fertigung	500
KdU FertGK	100						KdU FertGK	100
Produktionsabweichung			-360	Produktionsabw.			Produktionsabw.	
Pr Diff QTYV	300			Pr Diff QTYV	300		Pr Diff QTYV	300
Pr Diff INPV	60			Pr Diff INPV	60		Pr Diff INPV	60
Materialaufwand								
Verbrauch Rohstoffe	1.000		1.000	Materialeinsatz		1.000		
MGK		-50	50	MGK		50		
Personalaufwand								
Personalstunden		-800	800	Fertigungskosten		500		
FGK		-160	160	FGK		100		
Löhne Produktion	1.500	1.500						
Gehalt Prod.Ltg.	1.000	1.000		Deckungsbeitrag	-3.990		Deckungsbeitrag	-3.990
Löhne Einkauf	1.000	1.000						
Sonstiges								
Umlage CCA->CO-PA		-2.490		Umlagen	2.490		Umlagen	2.490
Ergebnis	-1.500	0	0	Ergebnis	-1.500		Ergebnis	-1.500

Abbildung 7.12: Wertefluss FI/CO/CO-PA (VIII)

Wir haben bisher im Rahmen des Produktionsprozesses immer ausschließlich von Über-/Unterdeckungen von Kostenstellen gesprochen.

Nun gibt es in Unternehmen auch Kostenstellen, die nicht im Produktionsprozess über interne Leistungsverrechnungen oder Zuschlagskalkulationen entlastet werden, wie beispielsweise die Kostenstellen »Finanzbuchhaltung«, »Marketing« oder »Personal«, um nur einige zu nennen. Diese werden mit Kosten belastet (Gehälter, Reisekosten, Versicherungen, Abschreibungen usw.) und weisen am Ende des Monats einen Saldo aus. Gegebenenfalls kommt es auch zu Be- und Entlastungen mittels Umlagen zwischen einzelnen Kostenstellen.

Diese Kosten können ebenfalls mittels einer CO-PA-Umlage auf gewisse Merkmale verteilt werden, und zwar sowohl in der kalkulatorischen als auch in der buchhalterischen Ergebnisrechnung. Man verfolgt mit dieser Maßnahme zwei Ziele:

- quasi die Ergänzung von Merkmalen und einer kompletten GuV für diese Merkmale in der buchhalterischen Ergebnisrechnung und
- die zusätzliche Befüllung der Wertfelder in der kalkulatorischen Ergebnisrechnung.

7.2 Auswertungsmöglichkeiten

Nachfolgend möchten wir Ihnen eine Übersicht über einige Auswertungsmöglichkeiten geben, mit denen Sie die gerade gebuchten Umlagen betrachten und analysieren können. Des Weiteren müssen wir natürlich noch die gebuchten Umlagen in den Gesamtkontext unseres Werteflusses einordnen. Da die Umlagen in unserem Wertefluss den letzten Schritt darstellen, ist anschließend eine Gesamtbetrachtung der Ergebnisse möglich.

Option 1: Tabelle ACDOCA

Auch die Umlagen finden ihren Weg in das Universal Journal und somit in die Tabelle ACDOCA (siehe Abbildung 7.13).

Selektiert man die Tabelle ausschließlich auf das Merkmal »Verkauftes Produkt – FERT1«, summieren sich die Kosten aus der Umlage auf 2.490 EUR.

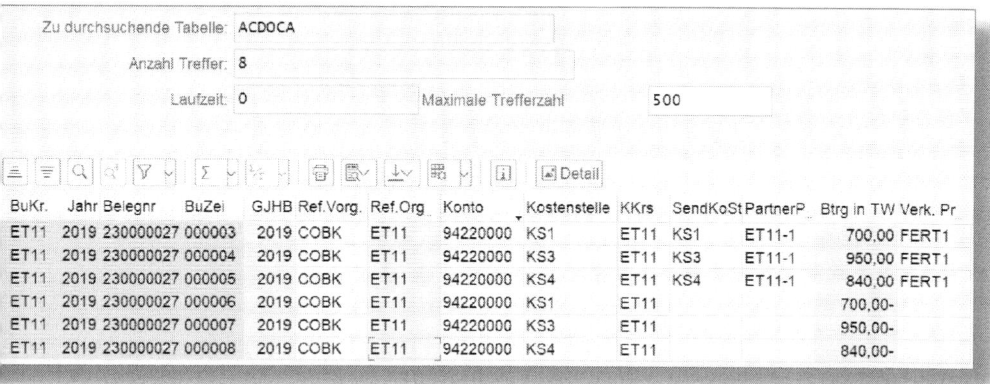

Zu durchsuchende Tabelle: ACDOCA

Anzahl Treffer: 8

Laufzeit: 0   Maximale Trefferzahl 500

Detail

BuKr.	Jahr	Belegnr	BuZei	GJHB	Ref.Vorg.	Ref.Org	Konto	Kostenstelle	KKrs	SendKoSt	PartnerP	Btrg in TW	Verk. Pr
ET11	2019	230000027	000003	2019	COBK	ET11	94220000	KS1	ET11	KS1	ET11-1	700,00	FERT1
ET11	2019	230000027	000004	2019	COBK	ET11	94220000	KS3	ET11	KS3	ET11-1	950,00	FERT1
ET11	2019	230000027	000005	2019	COBK	ET11	94220000	KS4	ET11	KS4	ET11-1	840,00	FERT1
ET11	2019	230000027	000006	2019	COBK	ET11	94220000	KS1	ET11			700,00-	
ET11	2019	230000027	000007	2019	COBK	ET11	94220000	KS3	ET11			950,00-	
ET11	2019	230000027	000008	2019	COBK	ET11	94220000	KS4	ET11			840,00-	

Abbildung 7.13: Umlagen in der ACDOCA

Option 2: KE30-Bericht für kalkulatorische Ergebnisrechnung

Wie bereits beschrieben, werden durch die Umlagen der Über-/Unterdeckungen in die kalkulatorische Ergebnisrechnung die entsprechenden Wertfelder befüllt. Abbildung 7.14 zeigt für unser Beispiel den entsprechenden KE30-Bericht in der kalkulatorischen Ergebnisrechnung.

Schlüsselspalte	Ist-Daten 010.2019
Absatzmenge	1,000
Bruttoumsatz	7.500,00
Rabatte	1.500,00-
Fakturaumsatz	6.000,00
Kosten Warenausgang	1.650,00
Preisdifferenz PRIV	0,00
Preisdifferenz INPV	60,00
Preisdifferenz QTYV	300,00
Prod. Abweichungen	360,00
Materialkosten	1.000,00
Material GK	50,00
Fertigungskosten	500,00
FertigungsGK	100,00
Kalk. Produktkosten	1.650,00
Abw Ist kalk. Kosten	0,00
Deckungsbeitrag	3.990,00
Umlagen	2.490,00
Ergebnis	1.500,00

Abbildung 7.14: Umlagen – kalkulatorisches CO-PA

Option 3: KE30-Bericht für buchhalterische Ergebnisrechnung

Zum besseren Verständnis zeigen wir die Auswirkung der Umlagen auf die buchhalterische Ergebnisrechnung ebenfalls in einem klassischen KE30-Bericht (siehe Abbildung 7.15).

Schlüsselspalte	Istdaten
Erlöse	7.500,00-
Rabatte	1.500,00
Fakturaumsatz	6.000,00-
Preisdifferenz PRIV	0,00
Preisdifferenz QTYV	300,00
Preisdifferenz INPV	60,00
Produktionsabw.	360,00
Materialkosten	1.000,00
Material GK	50,00
Fertigungskosten	500,00
Fertigungs-GK	100,00
Deckungsbeitrag	3.990,00-
CO-PA Umlage	2.490,00
Ergebnis	1.500,00-

Abbildung 7.15: Umlagen – buchhalterisches CO-PA

Option 4: App »Marktsegmente – Ist«

In S/4HANA steht Ihnen u. a. die App »Marksegmente – Ist« zur Verfügung, um über die ACDOCA die entsprechenden Werte in »moderner« Form auswerten zu können. Das Ergebnis sehen Sie in Abbildung 7.16.

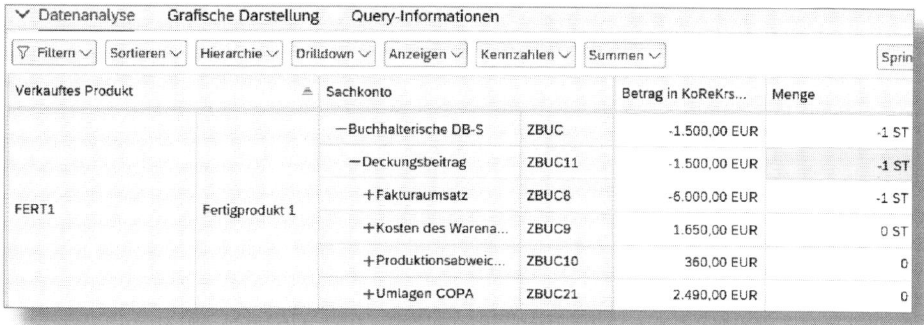

Verkauftes Produkt		Sachkonto		Betrag in KoReKrs...	Menge
FERT1	Fertigprodukt 1	−Buchhalterische DB-S	ZBUC	-1.500,00 EUR	-1 ST
		−Deckungsbeitrag	ZBUC11	-1.500,00 EUR	-1 ST
		+Fakturaumsatz	ZBUC8	-6.000,00 EUR	-1 ST
		+Kosten des Warena...	ZBUC9	1.650,00 EUR	0 ST
		+Produktionsabweic...	ZBUC10	360,00 EUR	0
		+Umlagen COPA	ZBUC21	2.490,00 EUR	0

Abbildung 7.16: App »Marktsegmente – Ist«, Umlagen

Nachdem wir unsere Umlagen in Höhe von *2.490 EUR* ausgeführt haben, beträgt unser Deckungsbeitrag letztendlich *1.500 EUR*.

Auswirkung Umlage auf ACDOCA

An dieser Stelle sei erwähnt, dass die Daten der Über- und Unterdeckung der Kostenstellen bzw. die Buchungen, die diese Über- und Unterdeckung darstellen, bereits vor der Umlage in der Tabelle ACDOCA vorhanden waren, allerdings nicht mit dem Merkmal unseres Materials FERT1. Durch die Umlage haben wir die Werte der Kostenstellen auf das Material FERT1 umgebucht. Somit wird die ACDOCA nun auch auf der Ebene »Merkmal – Material« korrekt dargestellt.

8 Weitere Periodenabschlussaktivität: Ware in Arbeit (WIP)

Während unseres Prozessdurchlaufs vom Auftragseingang über die Produktion und Warenlieferung bis hin zur Faktura sowie der Umlage in die kalkulatorische und buchhalterische Ergebnisrechnung haben wir bereits diverse Arbeiten ausgeführt, die eigentlich klassische Periodenabschlusstätigkeiten sind (Zuschlagskalkulation, Ermittlung der Produktionsabweichungen und die angesprochene Umlage in die buchhalterische und kalkulatorische Ergebnisrechnung CO-PA). Daneben gibt es eine weitere Maßnahme zum Periodenabschluss, die wir in diesem Kapitel betrachten wollen, da sie Auswirkungen auf die Abstimmbarkeit zwischen FI, CO und buchhalterischer wie kalkulatorischer Ergebnisrechnung hat: die *WIP-Ermittlung*.

Rufen wir uns noch einmal unseren Fertigungsauftrag in Erinnerung und tun so, als ob Warenausgänge, Personalstunden und die Zuschläge bereits gebucht worden seien, allerdings die Buchung unseres Fertigprodukts ans Lager noch nicht erfolgt sei (siehe Abbildung 8.1).

gang	Herkunft	Kostenart	Herkunft (Text)	Σ	Istkosten gesamt	Währung
renausgänge	ET11/ROHSTO	51100000	ROHSTOFF 1		400,00	EUR
	ET11/ROHSTO	51100000	ROHSTOFF 2		600,00	EUR
renausgänge				•	**1.000,00**	**EUR**
:kmeldungen	KS1/999	94311000	Produktion 1 / Personalstunden		800,00	EUR
:kmeldungen				•	**800,00**	**EUR**
chläge	KS3	94111000	Einkauf		50,00	EUR
	KS4	94112000	Produktionsleitung		160,00	EUR
chläge				•	**210,00**	**EUR**
				••	**2.010,00**	**EUR**

Abbildung 8.1: Kostenanalyse Fertigungsauftrag

Ohne Buchung des Wareneingangs unseres Fertigprodukts hat der Fertigungsauftrag noch nicht den Status »endgeliefert«. Dieser Status ist der Indikator, der steuert, dass am Monatsende eine WIP-Ermittlung anstelle einer Abweichungsermittlung durchgeführt wird. Abbildung 8.2 zeigt unser aktuelles Werteflussschaubild.

		Kostenstelle	Fertigungsauftrag	Kalkulatorische Ergebnisrechnung			Buchhalterische Ergebnisrechnung unter S/4HANA	
GuV	Wert	Wert	Wert	DB-Struktur	Ist-Wert	Kalk. Werte	DB-Struktur	Wert
Umsatz								
Umsatzerlöse				Bruttoumsatz			Bruttoumsatz	
Erlösschmälerungen				Rabatte			Rabatte	
Bestandsveränderungen				Fakturaumsatz	0		Fakturaumsatz	0
WE Fertige Erzeugnisse								
WE Fertige Erzeugnisse								
Bestandsveränderung WIP								
WA Fertige Erzeugnisse				Kosten des WA			Kosten des WA	
KdU Material							KdU Material	
KdU MGK							KdU MGK	
KdU Fertigung							KdU Fertigung	
KdU FertGK							KdU FertGK	
Produktionsabweichung				Produktionsabw.			Produktionsabw.	
Pr Diff QTYV							Pr Diff QTYV	
Pr Diff INPV							Pr Diff INPV	
Materialaufwand								
Verbrauch Rohstoffe	1.000		1.000	Materialeinsatz		1.000		
MGK		-50	50	MGK		50		
Personalaufwand								
Personalstunden		-800	800	Fertigungskosten		500		
FGK		-160	160	FGK		100		
Löhne Produktion	1.500	1.500						
Gehalt Prod.Ltg.	1.000	1.000		Deckungsbeitrag	0		Deckungsbeitrag	0
Löhne Einkauf	1.000	1.000						
Sonstiges								
Umlage CCA->CO-PA		-2.490		Umlagen	2.490		Umlagen	2.490
Ergebnis	4.500	0	2.010	Ergebnis	2.490		Ergebnis	2.490

Abbildung 8.2: Wertefluss FI/CO/CO-PA (IX)

Wie Sie sehen, finden wir auch in unserem Werteflussschaubild in der Spalte Fertigungsauftrag unsere Istkosten über *2010 EUR* wieder. Wäre nun Monatsabschluss, würden wir die Über-/Unterdeckung über *2.490 EUR* unserer Kostenstellen mittels Umlagezyklus in die buchhalterische und kalkulatorische Ergebnisrechnung übertragen.

Vergleichen wir das Ergebnis aus FI mit dem des buchhalterischen und kalkulatorischen CO-PA, so zeigt sich eine Differenz: eben genau die 2.010 EUR unseres Fertigungsauftrags.

In diesem Fall fehlt die WIP-Ermittlung für noch nicht endgelieferte oder technisch abgeschlossene Fertigungsaufträge.

Um eine WIP-Ermittlung durchführen zu können, müssen diverse Voraussetzungen geschaffen werden, die wir im Customizing vornehmen müssen und uns im Weiteren genauer ansehen (siehe Abbildung 8.3).

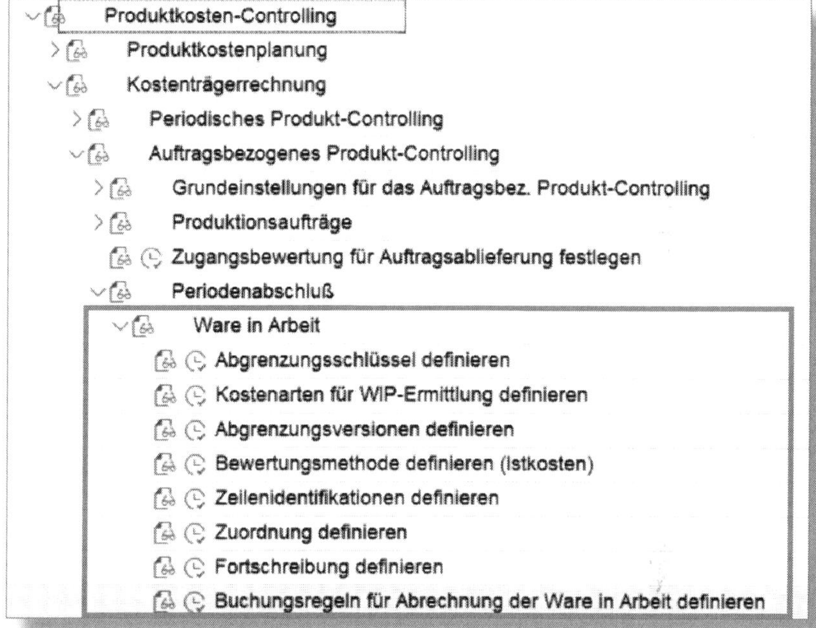

Abbildung 8.3: Voraussetzung WIP-Ermittlung

- ABGRENZUNGSSCHLÜSSEL DEFINIEREN
  Für einen Fertigungsauftrag kann WIP nur ermittelt werden, wenn ein Abgrenzungsschlüssel im Fertigungsauftrag hinterlegt ist. Definiert wird der Abgrenzungsschlüssel über die Transaktion *OKG1*. Sofern er als Vorschlagswert je Auftragsart und Werk hinterlegt ist, wird er bei der Anlage des Fertigungsauftrags automatisch gezogen. In unserem Beispiel haben wir den ABGRENZUNGSSCHLÜSSEL *MBMF01* (WIP-Istkosten) angelegt und unserem WERK *ET11*

und der AuftragsART *ZP01* als Vorschlagswert zugeordnet. Dieser wurde dann bei der Anlage unseres Fertigungsauftrags in die Kopfdaten übernommen (siehe Abbildung 8.4).

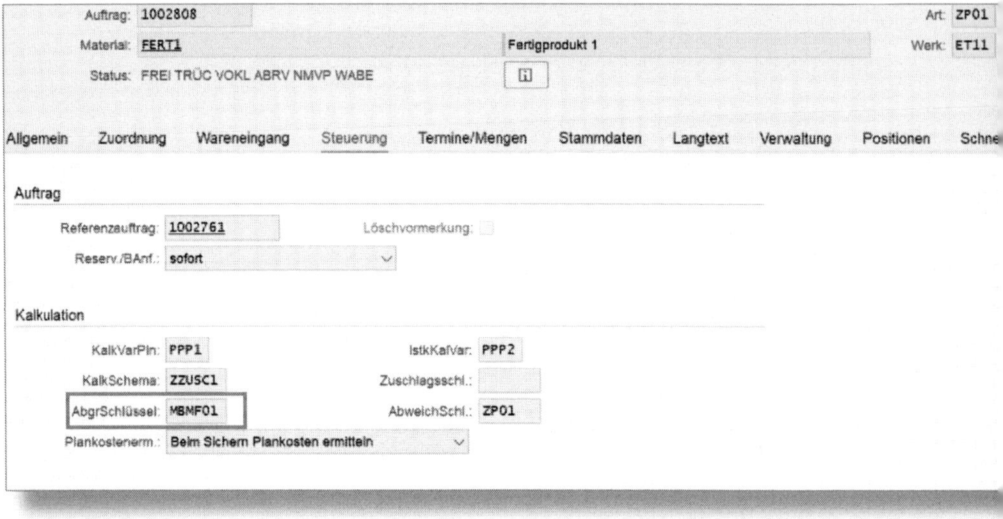

Abbildung 8.4: Fertigungsauftrag – Abgrenzungsschlüssel

- KOSTENARTEN FÜR WIP-ERMITTLUNG DEFINIEREN
  WIP-Kostenarten werden mit dem Kostenartentyp 31 angelegt. Dieser wird genutzt, um die Abgrenzungsdaten der Fertigungsaufträge auf dem jeweiligen Auftrag zu speichern bzw. fortzuschreiben.

- ABGRENZUNGSVERSION DEFINIEREN
  Die *Abgrenzungsversion* wird in der Transaktion *OKG9* definiert. Über die WIP-Ermittlung kalkulierte Abgrenzungsdaten werden auf dem Fertigungsauftrag mit Bezug zur Abgrenzungsversion fortgeschrieben. In ihr erfolgt außerdem die Festlegung, ob die WIP-Werte an die Finanzbuchhaltung weitergeleitet werden sollen. Wir haben die ABGRENZUNGSVERSION *0 – Version 0 Ist* mit Weiterleitung an die Finanzbuchhaltung angelegt.

- Bewertungsmethode definieren (Istkosten)
  Mit der Transaktion *OKGC* können wir die *Bewertungsmethode* definieren. Hier haben wir festgelegt, dass die WIP-Ermittlung auf Basis der *Istkosten* errechnet werden soll (Differenz zwischen Belastung und Entlastung). Des Weiteren soll die WIP immer dann ermittelt werden, wenn der Status des Fertigungsauftrags »Freigegeben« oder »Teilfrei« ist, bei »Geliefert« oder »Technisch abgeschlossen« soll eine vorher ermittelte WIP aufgelöst werden bzw. keine WIP-Ermittlung stattfinden.

- Zeilenidentifikation definieren
  Mit der *Zeilenidentifikation* definieren wir, wie der gesamte WIP-Betrag pro Fertigungsauftrag gegliedert werden soll. Dementsprechend wird der WIP-Betrag auf dem Fertigungsauftrag fortgeschrieben.

- Zuordnung definieren
  Mit der Transaktion *OKGB* ordnen wir alle Kostenarten, die unsere Fertigungsaufträge be- und entlasten, den Zeilenidentifikationen zu.

- Fortschreibung definieren
  Mit der Transaktion *OKGA* legen wir die *Fortschreibung* auf dem Fertigungsauftrag fest. Wir müssen für den jeweiligen Kostenrechnungskreis, Abgrenzungsschlüssel und die Zeilenidentifikation eine entsprechende sekundäre WIP-Kostenart mit Kostenartentyp 31 hinterlegen.

- Buchungsregeln für Abrechnung der Ware in Arbeit definieren
  Hier legen wir mit der Transaktion *OKG8* fest, an welche Konten in der Finanzbuchhaltung die Ware in Arbeit abgerechnet werden soll. Wir müssen ein Bilanzkonto (in unserem Fall *13200000 – Bestand Ware in Arbeit*) und ein GuV-Konto (*54200000 –Bestandsveränderung WIP*) definieren.

Lassen Sie uns die WIP-Ermittlung nun durchführen und buchen. Sie erfolgt mit der Transaktion *KKAX* (siehe Abbildung 8.5).

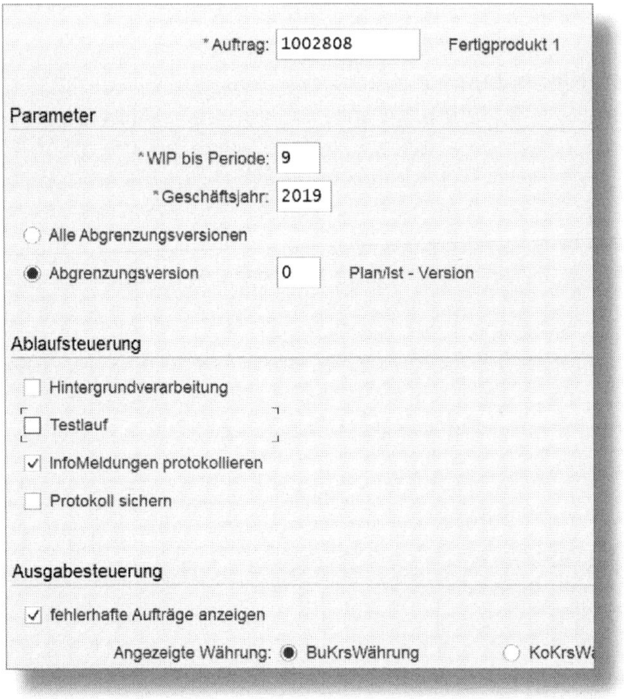

*Auftrag: 1002808 Fertigprodukt 1

Parameter

*WIP bis Periode: 9

*Geschäftsjahr: 2019

○ Alle Abgrenzungsversionen

◉ Abgrenzungsversion 0 Plan/Ist - Version

Ablaufsteuerung

☐ Hintergrundverarbeitung

☐ Testlauf

☑ InfoMeldungen protokollieren

☐ Protokoll sichern

Ausgabesteuerung

☑ fehlerhafte Aufträge anzeigen

Angezeigte Währung: ◉ BuKrsWährung ○ KoKrsW

Abbildung 8.5: WIP-Ermittlung ausführen

Wir selektieren unseren Fertigungsauftrag, geben die Periode, das Geschäftsjahr und unsere Abgrenzungsversion an. Das Ergebnis der WIP-Ermittlung sehen wir in Abbildung 8.6.

Exception	Kostenträger	Typ	Währg	Σ	WIP(gesamt)	Σ	WIP(PerÄnd.)	Material
	AUF 1002808	I	EUR		2.010,00		2.010,00	FERT1
	Auftragsart ZP01			•	**2.010,00**	•	**2.010,00**	
	Werk ET11			••	**2.010,00**	••	**2.010,00**	
			EUR	•••	**2.010,00**	•••	**2.010,00**	

Abbildung 8.6: Ergebnis – WIP-Ermittlung

Gebucht wird die Ware in Arbeit mit der Transaktion *KO88* (Abrechnung) (siehe Abbildung 8.7).

Kostenrechnungskreis: ET11

*Auftrag: 1002808

Parameter

*Abrechnungsperiode: 9

*Geschäftsjahr: 2019

*Verarbeitungsart: Automatisch

Ablaufsteuerung

☐ Testlauf

☐ Bewegungsdaten prüfe

Abbildung 8.7: Abrechnung WIP

Nach der Ausführung der Abrechnung wird lediglich ein Buchhaltungsbeleg erzeugt (siehe Abbildung 8.8).

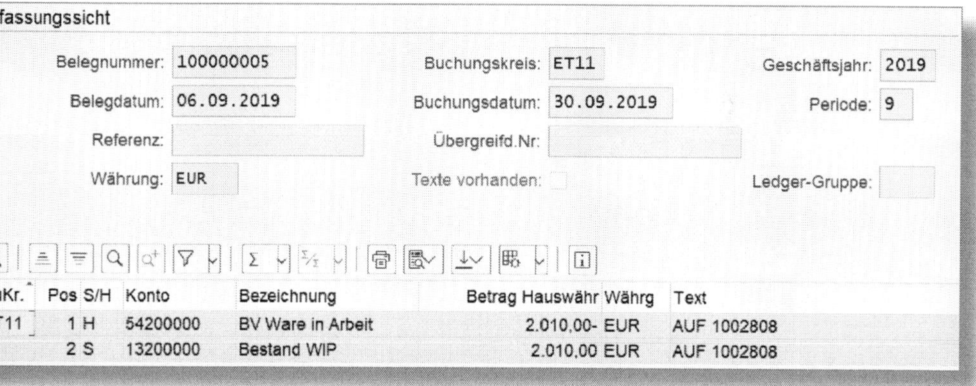

fassungssicht

Belegnummer: 100000005 | Buchungskreis: ET11 | Geschäftsjahr: 2019

Belegdatum: 06.09.2019 | Buchungsdatum: 30.09.2019 | Periode: 9

Referenz: | Übergreifd.Nr:

Währung: EUR | Texte vorhanden: | Ledger-Gruppe:

Kr.	Pos	S/H	Konto	Bezeichnung	Betrag Hauswähr	Währg	Text
T11	1	H	54200000	BV Ware in Arbeit	2.010,00-	EUR	AUF 1002808
	2	S	13200000	Bestand WIP	2.010,00	EUR	AUF 1002808

Abbildung 8.8: WIP – Buchhaltungsbeleg

Abbildung 8.9 zeigt die Buchungszeilen im Universal Ledger bzw. in der ACDOCA.

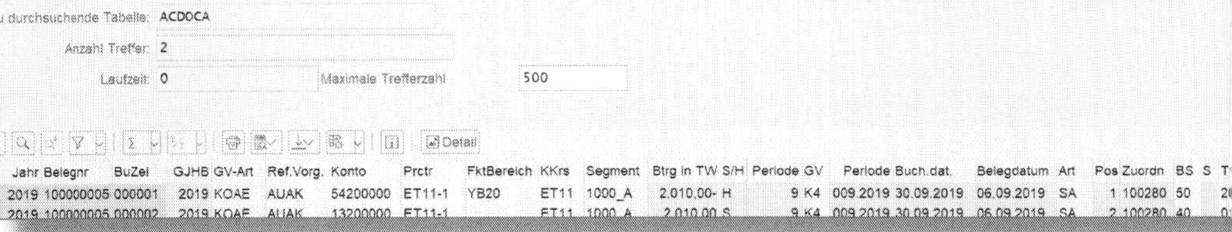

Zu durchsuchende Tabelle: ACDOCA
Anzahl Treffer: 2
Laufzeit: 0 Maximale Trefferzahl 500

Jahr	Belegnr	BuZei	GJHB	GV-Art	Ref.Vorg.	Konto	Prctr	FktBereich	KKrs	Segment	Btrg in TW	S/H	Periode	GV	Periode	Buch.dat.	Belegdatum	Art	Pos	Zuordn	BS
2019	100000005	000001	2019	KOAE	AUAK	54200000	ET11-1	YB20	ET11	1000_A	2.010,00-	H	9	K4	009.2019	30.09.2019	06.09.2019	SA	1	100280	50
2019	100000005	000002	2019	KOAE	AUAK	13200000	ET11-1		ET11	1000_A	2.010,00	S	9	K4	009.2019	30.09.2019	06.09.2019	SA	2	100280	40

Abbildung 8.9: WIP – ACDOCA

Das GuV-Konto *54200000 BV Ware in Arbeit* wurde im Haben mit *2010 EUR* gebucht, die Gegenbuchung erfolgte auf dem Bilanzkonto *13200000 Bestand WIP* im Soll. Die Auswirkung dieser WIP-Buchung sehen wir in unserem Wertefluss in Abbildung 8.10.

		Kostenstelle	Fertigungsauftrag	Kalkulatorische Ergebnisrechnung			Buchhalterische Ergebnisrechnung unter S/4HANA	
GuV	**Wert**	**Wert**	**Wert**	**DB-Struktur**	**Ist-Wert**	**Kalk. Werte**	**DB-Struktur**	**Wert**
Umsatz								
Umsatzerlöse				Bruttoumsatz			Bruttoumsatz	
Erlösschmälerungen				Rabatte			Rabatte	
Bestandsveränderungen				Fakturaumsatz	0		Fakturaumsatz	0
WE Fertige Erzeugnisse								
WE Fertige Erzeugnisse								
Bestandsveränderung WIP	-2.010		-2.010					
WA Fertige Erzeugnisse				Kosten des WA			Kosten des WA	
KdU Material							KdU Material	
KdU MGK							KdU MGK	
KdU Fertigung							KdU Fertigung	
KdU FertGK							KdU FertGK	
Produktionsabweichung				Produktionsabw.			Produktionsabw.	
Pr Diff QTYV							Pr Diff QTYV	
Pr Diff INPV							Pr Diff INPV	
Materialaufwand								
Verbrauch Rohstoffe	1.000		1.000	Materialeinsatz		1.000		
MGK		-50	50	MGK		50		
Personalaufwand								
Personalstunden		-800	800	Fertigungskosten		500		
FGK		-160	160	FGK		100		
Löhne Produktion	1.500	1.500						
Gehalt Prod.Ltg.	1.000	1.000		Deckungsbeitrag	0		Deckungsbeitrag	0
Löhne Einkauf	1.000	1.000						
Sonstiges								
Umlage CCA->CO-PA		-2.490		Umlagen	2.490		Umlagen	2.490
Ergebnis	2.490	0	0	Ergebnis	2.490		Ergebnis	2.490

Abbildung 8.10: Wertefluss FI/CO/CO-PA (X)

Wir stellen fest, dass durch die WIP-Buchung wieder das gleiche Ergebnis in FI wie in der buchhalterischen und kalkulatorischen Ergebnisrechnung hergestellt wurde.

9 Unser Schlusswort

Herzlichen Glückwunsch! Sie haben es geschafft, unseren Darstellungen eines Werteflusses im SAP-System anhand eines einfachen Beispiels bis zum Ende zu folgen. Ergänzend zu unserem ersten gemeinsamen Werk »Werteflüsse in die Ergebnisrechnung« haben wir Ihnen dargestellt, welche Auswirkungen es hat, wenn Sie diesen Prozess in einem S/4HANA-System durchlaufen. Damit haben Sie ein Buch durchgearbeitet, dessen Konzept von sonstigen SAP-Büchern abweicht, in denen häufig alle Möglichkeiten aufgezeigt werden, die die SAP-Software bereithält. Unser Ziel war es, ein anspruchsvolles Thema auf einfache Art und Weise zu beschreiben, damit jeder es schnell verstehen kann. Wir hoffen, wir konnten diesem Anspruch gerecht werden und Ihnen gut nachvollziehbar darlegen, wie ein Wertefluss die einzelnen Stationen vom Kundenauftrag über die Produktion bis hin zum Warenausgang und zur Faktura durchläuft und wo Sie diese Werte im Finanzwesen und Controlling unter SAP S/4HANA wiederfinden.

Das Gesamtergebnis dieses Prozesses sehen Sie in unserer Schlussgrafik Abbildung 9.1.

Die Resultate in der GuV sowie in der kalkulatorischen und buchhalterischen Deckungsbeitragsrechnung stimmen mit jeweils *1.500 EUR* exakt überein. Man könnte es auch so ausdrücken: Unser GuV-Ergebnis von 1.500 EUR ist mit unserem GuV-Ergebnis auf Basis des Merkmals »Material« identisch.

In der ACDOCA und somit in der von uns genutzten App »Marktsegmente – Ist« sind FI und CO zu jeder Zeit abgestimmt. Wir haben mit unserem Buch gezeigt, dass trotzdem gewisse Prozesse und Tätigkeiten durchzuführen sind, damit die Werte auch für einzelne Merkmale aussagefähig sind. Am Umlageprozess zeigt sich z. B., dass zwar selbst vor Umlagen alle Daten bereits in der Tabelle ACDOCA vorhanden sind, bei den Über- und Unterdeckungen der Kostenstellen aber das Merkmal »Material« fehlt, da es erst über die Umlage korrekt befüllt wird. Für die Aussagefähigkeit der ACDOCA bzw. der entsprechenden Apps auf Merkmalsebene ist demnach eine korrekte Merkmalsableitung sehr wichtig, damit Sie auch valide Aussagen treffen können.

		Kostenstelle	Fertigungsauftrag	Kalkulatorische Ergebnisrechnung			Buchhalterische Ergebnisrechnung unter S/4HANA	
GuV	Wert	Wert	Wert	DB-Struktur	Ist-Wert	Kalk. Werte	DB-Struktur	Wert
Umsatz								
Umsatzerlöse	-7.500			Bruttoumsatz	-7.500		Bruttoumsatz	-7.50
Erlösschmälerungen	1.500			Rabatte	1.500		Rabatte	1.50
Bestandsveränderungen				Fakturaumsatz	-6.000		Fakturaumsatz	-6.00
WE Fertige Erzeugnisse	-1.650		-1.650					
WE Fertige Erzeugnisse	-360							
WA Fertige Erzeugnisse				Kosten des WA	1.650		Kosten des WA	
KdU Material	1.000						KdU Material	1.00
KdU MGK	50						KdU MGK	5
KdU Fertigung	500						KdU Fertigung	50
KdU FertGK	100						KdU FertGK	10
Produktionsabweichung			-360	Produktionsabw.	360		Produktionsabw.	
Pr Diff QTYV	300						Pr Diff QTYV	30
Pr Diff INPV	60						Pr Diff INPV	6
Materialaufwand								
Verbrauch Rohstoffe	1.000		1.000	Materialeinsatz		1.000		
MGK		-50	50	MGK		50		
Personalaufwand								
Personalstunden		-800	800	Fertigungskosten		500		
FGK		-160	160	FGK		100		
Löhne Produktion	1.500	1.500						
Gehalt Prod.Ltg.	1.000	1.000		Deckungsbeitrag	-3.990		Deckungsbeitrag	-3.99
Löhne Einkauf	1.000	1.000						
Sonstiges								
Umlage CCA->CO-PA		-2.490		Umlagen	2.490		Umlagen	2.49
Ergebnis	-1.500	0	0	Ergebnis	-1.500		Ergebnis	-1.50

Abbildung 9.1: Schlussgrafik

Die Aussage, FI und CO seien zu jeder Zeit abgestimmt, stimmt somit, sie ist allerdings mit etwas Vorsicht zu genießen, da Sie immer die entsprechende Merkmalsableitung mitberücksichtigen müssen, je mehr Sie ins Detail gehen.

Abbildung 9.2 und Abbildung 9.3 sollen zeigen, dass man nicht unbedingt eine eigene DB-Struktur benötigt, um Daten der buchhalterischen Ergebnisrechnung auswerten zu können. Dazu haben wir die App »Marksegmente – Ist« mit unserer eingangs angelegten GuV-Struktur *ZHGB* aufgerufen. Abbildung 9.2 zeigt diese GuV-Struktur für den gesamten Buchungskreis, ohne Einschränkung auf einzelne Merkmale, während Abbildung 9.3 diese GuV-Struktur eingeschränkt auf das Merkmal »Material« darstellt.

Filtern | Sortieren | Hierarchie | Drilldown | Anzeigen

Sachkonto		Betrag in KoReKrs...
– Bilanzstruktur Theis	ZHGB	-1.500,00 EUR
– GEWINN- u. VERLUST...	ZHGB3000000	-1.500,00 EUR
– 20. Jahresüberschuss	ZHGB3100000	-1.500,00 EUR
– 14. Ergebnis der...	ZHGB3200000	-1.500,00 EUR
– 1. Erlöse	ZHGB3110000	-6.000,00 EUR
Erlöse - Erze...	41000000	-7.500,00 EUR
Erlösschmäle...	41003000	1.500,00 EUR
– 2. Bestandsver...	ZHGB3120000	0,00 EUR
KdU Material	50301000	1.000,00 EUR
KdU MGK	50303000	50,00 EUR
KdU Fertigung	50304000	500,00 EUR
KdU FertGK	50307000	100,00 EUR
Preisdifferen...	52072000	300,00 EUR
Preisdifferen...	52074000	60,00 EUR
Herstellkoste...	54083000	0,00 EUR
Wareneing.P...	55100000	-2.010,00 EUR
+ 5. Materialaufw...	ZHGB3150000	1.000,00 EUR
+ 6. Personalauf...	ZHGB3160000	3.500,00 EUR
+ Umlagen	ZHGB3250000	0,00 EUR

Abbildung 9.2: GuV-Struktur ZHGB – Buchungskreis

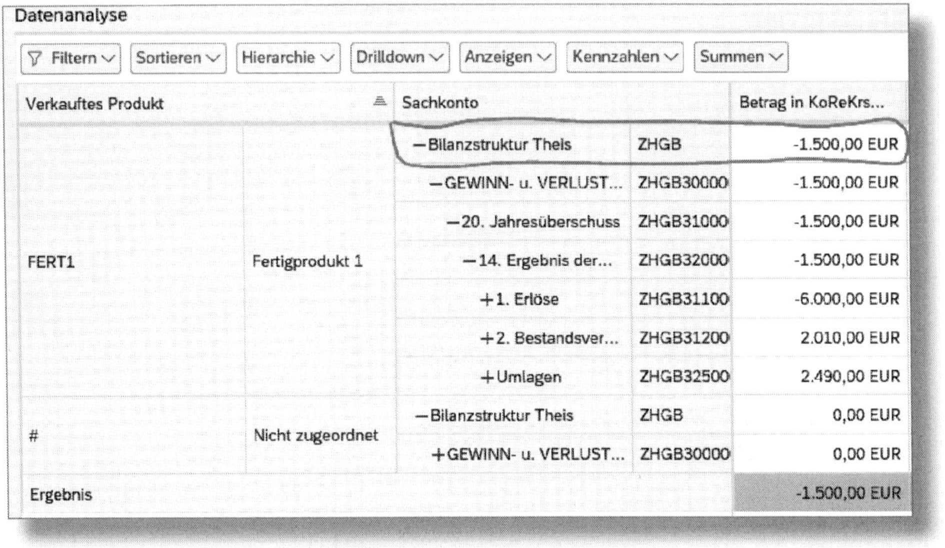

Datenanalyse

Filtern ⌵ | Sortieren ⌵ | Hierarchie ⌵ | Drilldown ⌵ | Anzeigen ⌵ | Kennzahlen ⌵ | Summen ⌵

Verkauftes Produkt		Sachkonto		Betrag in KoReKrs...
FERT1	Fertigprodukt 1	–Bilanzstruktur Theis	ZHGB	-1.500,00 EUR
		–GEWINN- u. VERLUST...	ZHGB30000	-1.500,00 EUR
		–20. Jahresüberschuss	ZHGB31000	-1.500,00 EUR
		–14. Ergebnis der...	ZHGB32000	-1.500,00 EUR
		+1. Erlöse	ZHGB31100	-6.000,00 EUR
		+2. Bestandsver...	ZHGB31200	2.010,00 EUR
		+Umlagen	ZHGB32500	2.490,00 EUR
#	Nicht zugeordnet	–Bilanzstruktur Theis	ZHGB	0,00 EUR
		+GEWINN- u. VERLUST...	ZHGB30000	0,00 EUR
Ergebnis				-1.500,00 EUR

Abbildung 9.3: GuV-Struktur ZHGB – Merkmal »Material«

Wie Sie sehen, stimmen beide Auswertungsselektionen überein. Wir haben also bewiesen, dass in der Tabelle ACDOCA nun alle Belege vorhanden und damit FI und CO jederzeit abgestimmt sind, man jedoch auf Merkmalsebene nach wie vor genau überlegen muss, auf welchen Merkmalen man die GuV auswerten möchte, um diese dann bis hinunter zum Ergebnis entsprechend zu befüllen.

Wie an der Arbeit mit verschiedenen Strukturen gezeigt, haben Sie natürlich immer die Möglichkeit, andere/weitere GuV-Strukturen anzulegen, um diese in den Auswertungen zu nutzen. So werden Sie mit Sicherheit heute schon separate Kostenartengruppen oder eigene KE30-Berichte im Einsatz haben.

Falls Sie auch das Vorwort dieses Buches gelesen haben, haben Sie gesehen, dass ein Anliegen dieses Buches war, dem Thema S/4HANA und seinen Änderungen im Controlling auf den Grund zu gehen. Sind diese Änderungen im Controlling so gravierend, wie es uns manche Gerüchte – z. B. »Es gibt kein Controlling oder CO-PA mehr« – einreden wollen? Wir denken nicht.

Mit der Darstellung der Auswirkungen des beschriebenen Werteflusses sowohl in der kalkulatorischen als auch der buchhalterischen Ergebnisrechnung unter S/4HANA haben wir Ihnen in einer vergleichenden Darstellung vor Augen geführt, was sich wirklich ändert. Uns ist durchaus klar, dass die zukünftige Arbeit mit S/4HANA allein aufgrund der neuen Fiori-Apps oder Reports der buchhalterischen Ergebnisrechnung anders aussehen wird. Aber an der grundsätzlichen Logik, der auch das Customizing im SAP-ERP-System folgt, ändert sich nichts Wesentliches. Controlling und CO-PA wird es auch unter S/4HANA geben, allerdings mit einer zusätzlich abzubildenden buchhalterischen Form der Ergebnisrechnung. Wir empfehlen Ihnen, mit dem Start von SAP S/4HANA beide Formen der Ergebnisrechnung zu verwenden. Das hat den Vorteil, dass Sie Ihre bisherige kalkulatorische Ergebnisrechnung wie gewohnt zur Verfügung haben, aber zusätzlich mit der buchhalterischen Ergebnisrechnung unter S/4HANA den wesentlichen Vorteil des Universal Journals als Single Point of Truth nutzen können: Abstimmarbeiten zwischen FI und CO-PA entfallen.

Wenn Sie irgendwann alle Anforderungen, die Sie bisher an Ihre kalkulatorische Ergebnisrechnung gestellt haben, in der buchhalterischen Form umsetzen können, ist es an der Zeit, darüber nachzudenken, die kalkulatorische Form zu deaktivieren.

Grundsätzlich aber wurde mit dem CO-PA unter S/4HANA ein Vertriebscontrollingtool geschaffen, mit dem Sie die vielfältigsten betriebswirtschaftlichen Analysen erledigen können, und zwar auf allen Merkmalen, die Sie in Ihrem Ergebnisbereich bereitgestellt haben. Da Sie diese Merkmale mit Aktivierung der buchhalterischen Ergebnisrechnung unter S/4HANA zusätzlich als Spalten im Universal Journal (Tabelle ACDOCA) angelegt haben, stehen Ihnen sogar Auswertungsoptionen in sämtlichen Reports des externen Rechnungswesens zur Verfügung, die Sie früher nur über die kalkulatorische Ergebnisrechnung bereitstellen konnten.

Weiterhin haben Sie mit dem Durcharbeiten dieses Buches an einem einfachen Beispiel den betriebswirtschaftlichen Verlauf eines logistischen Verkaufs- und Produktionsprozesses kennengelernt. Noch besser: Sie haben gelernt, wie dieser Prozess modulübergreifend im SAP abgebildet wird. Darüber wird Ihr Management glücklich sein, denn es weiß, dass es Personen in seinen Reihen hat, die die wichtigsten Zusammenhänge im SAP-S/4HANA-System kennen und über den Tellerrand blicken können. Heutzutage ist ein prozessuales (SAP-)Wissen in einer globalen Welt ein nicht zu vernachlässigender (Wettbewerbs-) Vorteil!

Wir hoffen, wir konnten Ihnen mit diesem Buch einige Sorgen und Ängste in Bezug darauf nehmen, wie es im Controlling und speziell im CO-PA unter S/4HANA weitergehen wird, und wünschen Ihnen weiterhin viel Freude bei Ihrer Arbeit an den Werteflüssen in Ihrem S/4HANA-System sowie im Königsmodul des SAP-Systems: der kalkulatorischen und buchhalterischen Ergebnisrechnung unter S/4HANA!

Trier / Göttingen, im Frühjahr 2020

Christoph Theis Stefan Eifler

A Die Autoren

Christoph Theis hat Betriebswirtschaftslehre studiert und verfügt inzwischen über mehr als fünfzehn Jahre Erfahrung im SAP-Umfeld. Sein Schwerpunkt liegt in den Bereichen Finanzen und Controlling. Bis 2012 war er bei der Logwin AG tätig. Zu seinen Hauptaufgaben gehörten einerseits die Begleitung verschiedener internationaler SAP-Rollouts mit Schwerpunkt in den Bereichen Reporting, Formulare, Finanzen und Controlling und andererseits das Customizing des Systems, Testen von Einstellungen, Training von Key-Usern und die Durchführung von Datenmigrationen. Für ein Jahr leitete er die Abteilung Cash Management mit neun Mitarbeitern und sammelte zusätzlich Know-how als Mitarbeiter im Group Treasury und Controlling der Logwin AG.

Anfang 2013 wechselte Christoph Theis in die externe SAP-Beratung und betreute für ein Jahr diverse mittelständische Unternehmen bei SAP-Einführungen und SAP-Optimierungsprojekten im Bereich FI und CO.

Zwischen 2014 und 2018 arbeitete er als Accountant/Inhouse Consultant Rollouts & Integrationsprojekte SAP FI&CO bei der Sartorius AG in Göttingen und betreute internationale SAP-Rollouts im Bereich Finanzen und Controlling, z. B. in den USA, in Puerto Rico, Frankreich, Belgien und Tunesien.

Inzwischen ist er als Leiter Controlling/SAP FICO Inhouse Consultant bei der Firma De Verband SC in Luxemburg angestellt.

Zudem hält er Vorträge zum CO-PA, etwa im Rahmen der FICO-Forum-Infotage. Dort reifte auch die Idee, gemeinsam mit Stefan Eifler Bücher im Bereich Finanzen und Controlling zu schreiben.

Stefan Eifler arbeitet seit mehr als zwanzig Jahren als externer und interner SAP-Berater mit dem Schwerpunkt CO und er ist Speziallist für die Ergebnisrechnung (CO-PA).

Nach seinem wirtschaftswissenschaftlichen Studium an der Ruhr-Universität Bochum arbeitete er zunächst als externer SAP-Berater bei der COPA GmbH und führte bei vielen namhaften Firmen das Modul CO inklusive CO-PA erfolgreich ein. Anschließend war Stefan Eifler Inhouse-SAP-Berater und Risikomanager der Berentzen-Gruppe AG. Als Leiter Controllingprojekte verantwortete er dort u. a. die Neueinführung von SAP R/3 bei gleichzeitiger Verschmelzung der Berentzen-Firmen auf eine Einheitsgesellschaft sowie die Einführung der internationalen Rechnungslegung (IFRS). Als Vertriebs- und Produktionscontroller konnte er im Controlling zudem viele praktische Erfahrungen sammeln.

Seit Februar 2012 arbeitet Herr Eifler bei der weltweit operierenden Sartorius AG in Göttingen als Inhouse-Berater für SAP CO. Neben Aufgaben als IT-Delegate für Controlling, im 3rd-Level-Support oder als Projektleiter für IT-Projekte, wie z. B. eine Profit-Center-Reorganisation, konnte er internationale Erfahrungen im Rahmen eines globalen SAP-Rolloutprojektes sammeln.

Zudem hält er Vorträge zum CO-PA, etwa im Rahmen der FICO-Forum-Infotage. Nach einer dieser Veranstaltungen reifte die Idee, gemeinsam mit seinem damaligen Kollegen Christoph Theis ein Buch über die »Werteflüsse in die SAP-Ergebnisrechnung« zu schreiben.

Für Stefan Eifler ist dieses Buch bereits sein fünftes. Sein Erstlingswerk »Schnelleinstieg in die SAP-Ergebnisrechnung (CO-PA)« erschien im Oktober 2012, wurde 2013 ins Englische übersetzt und wird seitdem unter dem Titel »Quick Guide to SAP CO-PA (Profitability Analysis)« weltweit erfolgreich vertrieben. Es ist jeweils als Print- und Kindleversion sowie in der Online-Bibliothek des Verlags Espresso Tutorials erhältlich.

B Index

A

L

M

N

O

P

R

S

T

U

C Disclaimer

Die in diesem Werk wiedergegebenen Gebrauchsnamen, Handelsnamen, Warenbezeichnungen usw. können auch ohne besondere Kennzeichnung Marken sein und als solche den gesetzlichen Bestimmungen unterliegen. Sämtliche in diesem Werk abgedruckten Bildschirmabzüge unterliegen dem Urheberrecht der SAP SE, Dietmar-Hopp-Allee 16, 69190 Walldorf.

In dieser Publikation wird auf Produkte der SAP SE Bezug genommen. SAP, R/3, SAP NetWeaver, Duet, PartnerEdge, ByDesign, SAP BusinessObjects Explorer, StreamWork und weitere im Text erwähnte SAP-Produkte und -Dienstleistungen sowie die entsprechenden Logos sind Marken oder eingetragene Marken der SAP SE in Deutschland und anderen Ländern. Business Objects und das Business-Objects-Logo, BusinessObjects, Crystal Reports, Crystal Decisions, Web Intelligence, Xcelsius und andere im Text erwähnte Business-Objects-Produkte und -Dienstleistungen sowie die entsprechenden Logos sind Marken oder eingetragene Marken der Business Objects Software Ltd. Business Objects ist ein Unternehmen der SAP SE. Sybase und Adaptive Server, iAnywhere, Sybase 365, SQL Anywhere und weitere im Text erwähnte Sybase-Produkte und -Dienstleistungen sowie die entsprechenden Logos sind Marken oder eingetragene Marken der Sybase Inc. Sybase ist ein Unternehmen der SAP SE. Alle anderen Namen von Produkten und Dienstleistungen sind Marken der jeweiligen Firmen. Die Angaben im Text sind unverbindlich und dienen lediglich zu Informationszwecken. Produkte können länderspezifische Unterschiede aufweisen.

Der SAP-Konzern übernimmt keinerlei Haftung oder Garantie für Fehler oder Unvollständigkeiten in dieser Publikation. Der SAP-Konzern steht lediglich für SAP-Produkte und -Dienstleistungen nach der Maßgabe ein, die in der Vereinbarung über die jeweiligen Produkte und Dienstleistungen ausdrücklich geregelt ist. Aus den in dieser Publikation enthaltenen Informationen ergibt sich keine weiterführende Haftung.

Weitere Bücher von Espresso Tutorials

Stefan Eifler:

Schnelleinstieg in die SAP®-Ergebnisrechnung (CO-PA)

- Organisationseinheiten und Stammdaten verstehen
- den Wertefluss im CO-PA definieren
- die SAP-Planungswerkzeuge effizient einsetzen
- eigene Reports erstellen

http://5001.espresso-tutorials.com

Ulrich Fahrnschon:

Kundenauftrags-Controlling in SAP® ERP CO-PC

- Anlage und Kalkulation eines Kundenauftrags
- mehrstufige Fertigung und Lieferung in den Kundenauftragsbestand
- Belieferung des Kundenauftrags
- Periodenabschluss im SAP Controlling

http://5083.espresso-tutorials.com

Andreas Jansen:

Schnelleinstieg in das SAP®-Produktkostencontrolling (CO-PC)

- SAP ERP-Produktkostenrechnung Schritt für Schritt erklärt
- Stammdaten, Kalkulationsvarianten und Erzeugniskalkulation kompakt dargestellt
- Details zum integrativen CO-Wertefluss
- Durchgängig illustriertes Fallbeispiel

http://5099.espresso-tutorials.de

Andreas Unkelbach:

Berichtswesen im SAP®-Controlling

- Grundlagen der Berichtskonzeption im SAP Controlling
- Entwicklung eines internen Berichtswesens in SAP ERP CO
- Varianten zur Selektion von Bewegungsdaten
- Export von Berichten nach Exceldie Rolle von BW im operativen SAP –Berichtswesen

http://5150.espresso-tutorials.de